AF393321

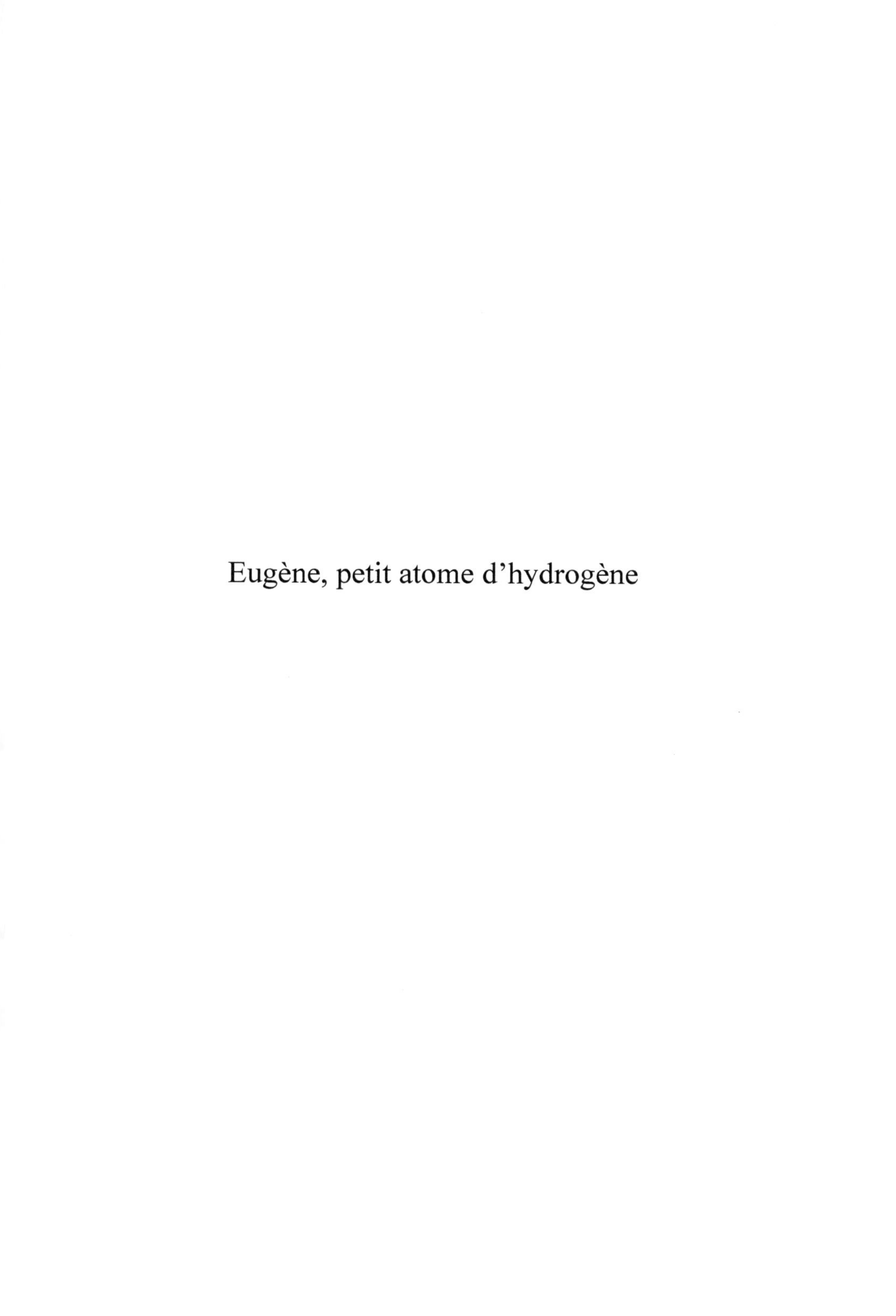

Eugène, petit atome d'hydrogène

FSC
www.fsc.org
MIXTE
Papier issu
de sources
responsables
Paper from
responsible sources
FSC® C105338

Eugène,
petit atome d'hydrogène

Dialogue avec une parcelle d'infini

Thierry Joumard des Achards

ISBN : 978-2-3223-9191-2

Dépôt légal : Juin 2022

Troisième édition

Édition : BoD – Books on Demand, info@bod.fr
Impression : BoD – Books on Demand,
In de Tarpen 42, Norderstedt (Allemagne)
Impression à la demande

La culture est la seule drogue qui crée l'indépendance...

En cette torride journée d'août, l'air ambiant paraît s'être évadé d'un four dont le curseur du thermostat aurait été bloqué en position maximale. Pour équilibrer ma thermorégulation, mon système sudoripare mobilise tous les pores de ma peau. Les bulletins météorologiques, radiophoniques et télévisuels ressassent leur rengaine d'épisode caniculaire durable et en corollaire, s'accompagnent des sempiternels messages d'injonction : « Il faut boire ! », « Privilégiez les endroits ombragés plutôt que l'exposition au soleil ! »… Et pourquoi pas : « Et surtout n'oubliez pas de respirer ! »… Puisque, de nos jours, les autorités ont pris le contrôle même de nos fonctions physiologiques les plus élémentaires, dans un vaste projet d'infantilisation permanente.

Assis à l'ombre du gigantesque tilleul du mas de Ratiès à Cessenon, je me sers donc un grand verre d'eau dans le souci de respecter à la lettre les recommandations de nos ministres qui ne veulent dorénavant plus jamais être suspectés d'être coupables de n'avoir pas assez pris en compte les conséquences délétères pour les citoyens de ce risque sanitaire majeur que l'on appelait autrefois bien communément « un simple coup de chaleur » en été.

Les cigales, qui elles, se repaissent de la chaleur, chantent à tue-tête dans le champ d'amandiers tout proche. J'aime m'enivrer de cette violence de l'Occitanie à midi en été. C'est un mélange d'exacerbation de sensations. La peau est brûlée par la fournaise du soleil à son zénith, l'ouïe est sursaturée par les chants et bourdonnements assourdissants des cigales, abeilles, bourdons, guêpes et autres insectes invisibles qui crissent.

Les yeux se plissent face à l'intensité de la lumière. L'espace est saturé d'efflorescences multicolores qui se mêlent à la brillance des herbes jaunies par le manque d'eau et au vert scintillant des pins. L'odorat se ravit de ce cocktail de senteurs d'essences méditerranéennes qui exhalent leurs parfums capiteux sous l'effet de la chaleur. Il ne reste que les papilles à stimuler en dégustant un brin de romarin, de thym ou de basilic.

Mes cinq sens rassasiés d'excès de stimuli, je porte enfin mon verre d'eau à la bouche, lorsque l'appel d'une étrange petite voix ordonne la fin de mes rêveries :

— Nooon !!! Ne me bois pas !

Je m'interroge… Qu'est-ce ? Qu'ouïs-je ? D'où provient cette supplique ? La voix semble venir du verre. Si j'avais abusé de ce délicieux rosé de Saint-Chinian, j'aurais évidemment parié sur un effet d'état d'ébriété pour justifier ces voix. Mais c'est une évidence que je ne me suis désaltéré jusqu'alors qu'avec l'eau du robinet.

Je tends l'oreille vers le verre et j'entends :

— Tu ne me vois pas mais je suis là. Je suis un atome d'hydrogène. Je suis lié avec un de mes jumeaux à un atome d'oxygène dans ce qui compose une molécule d'eau.

Interloqué, je me penche au plus près, juste au-dessus du verre, pour tenter de voir quelque chose dans la transparence de l'eau et percer cet incroyable mystère.

— Ne me cherche pas, je suis trop petit. Invisible pour tes yeux. Je me nomme Eugène Hydrogénius 14224 X 10 puissance 09.

Diantre ! La belle affaire, me dis-je. Et par tous les diables, pourquoi ne s'appellerait-il pas Robert, Philibert, Kevin, Brandon ou Gudule ? Ce serait plus simple au moins à retenir pour l'humble mortel que je suis.

— Puis-je t'appeler tout simplement Eugène si cela ne te vexe pas ?

— J'allais te le proposer et je serais bien maladroit de te le refuser car j'ai un service à te demander…

— Un service ? Ça alors !! Je peux rendre service à un atome d'hydrogène ?? Lui rétorqué-je, surpris de m'entendre lui répondre comme si tout était normal dans cette situation totalement farfelue.

— Oui… Au lieu de me boire, et malgré ta soif, je souhaiterais que tu me verses au pied de cet iris, là, planté sous le tilleul.

Je m'interroge sur le sens de cette requête hors norme alors que je me tourne et fixe l'iris en question.

— Dans ma longue vie d'atome d'Hydrogène, je n'ai jamais eu l'opportunité de me retrouver dans une fleur. Alors, du coup, je me fais souvent taquiner par mes amis H qui sont passés, eux, par des roses, des crocus, des hortensias, des rhododendrons ou des tulipes… Ce serait une sorte de consécration après une carrière déjà longue et qui promet de se pérenniser encore longtemps.

Je reste dubitatif face à cette demande incongrue d'une particule qui était là 13,7 milliards d'années avant ma naissance et qui va, semble-t-il, durer jusqu'à la fin des temps… Quelle drôle d'idée tout de même ! Enfin… Allons-y, soyons généreux et coopératif, puisqu'aujourd'hui il était écrit que je devais rencontrer un nouveau et bien singulier copain.

— Je t'accorderai ton souhait, Eugène… Mais à une seule condition !

— Pfff… Voilà que tu négocies. Rien de gratuit chez vous les humains. Alors, dis-moi laquelle ? Que je puisse savoir si elle est dans mes moyens, cette contrepartie.

— Je souhaite que tu me racontes ta vie depuis le Big Bang.

Il éclate de rire. D'un petit rire vif et léger d'atome d'hydrogène.

— Si je te raconte toute mon existence, je me serai évaporé avec ma molécule d'eau avant d'avoir fini mon récit. Et avec cette chaleur, tu risques toi aussi de te déshydrater… Peut-être puis-je te faire une version condensée de mon CV ?

J'acquiesce et m'installe confortablement sur la chaise de jardin, mon précieux verre posé à côté de moi.

— Ne me renverse pas ! dit-il inquiet. Je n'ai pas envie de m'étaler dégoulinant sur les dalles de la terrasse et de me voir m'évaporer encore une fois dans l'atmosphère pour atterrir je ne sais où encore. Avec mon peu de chance, ce serait certainement loin d'une fleur, immanquablement.

Je le rassure avec un large sourire sur ma dextérité dans le maniement des verres et l'incite à commencer son récit.

— Sois sans crainte, j'éviterai de bousculer la table. Raconte-moi donc la version courte de ta longue vie.

Je sens bien que mes bonnes dispositions à son endroit le détendent et il me semble presque l'entendre se gratter sa petite gorge d'hydrogène avant qu'il ne commence sa narration.

— Je vais passer assez vite sur les premiers milliards d'années dont j'ai un souvenir assez lointain. Clairement, avant le Big Bang, je n'ai aucun souvenir. Un peu comme vous dans le ventre de votre mère, il ne me reste rien de cette époque prénatale. Il paraît que tout était concentré en un point minuscule d'énergie, infiniment chaud et planté dans le néant. Même le temps n'existait pas, semble-t-il…

— Le néant…dis-je pensif.

— Oui, j'ai bien dit le néant. Pas le vide. Le vide, on sait ce que c'est, c'est l'absence de matière, mais le néant… L'absence d'espace et de temps ! Moi, petit atome d'hydrogène, je n'arrive même pas à me le représenter.

— Je te rassure, moi, assemblage de cellules et d'atomes, compilation de centaines de milliards de milliards de milliards de particules élémentaires, je n'y arrive pas non plus.

— Ah ! Voilà qui me rassure ! dit-il décomplexé.

— Malgré mes milliards de connections neuronales, je ne comprends même pas pourquoi, tout d'un coup, BANG ! L'aventure du temps, de l'espace, de l'organisation de la matière puis de la vie et de l'esprit s'est mise en marche dans une lueur aveuglante encore perceptible aujourd'hui par nos télescopes.

— Oui, mon pauvre Thierry, il y a des mystères qui resteront encore longtemps insondables.

— Ne soyons pas défaitistes. Il nous faudrait franchir l'ultime rideau, le mur de Planck. Ce mur, au-delà duquel nos connaissances physiques, mathématiques et conceptuelles trouvent leurs limites, est la démarcation pour nous aussi entre le connu et l'inconnu. Toute l'origine du monde est derrière cette infime fraction d'ignorance. Le mur de Planck est un Graal qui se situe à 10 puissance moins 43 secondes après le Big Bang. La taille de l'univers, à ce moment-là, est de 10 puissance moins 35 mètres. Toute la matière de l'ensemble de ce qui existe dans tout l'univers est contenue dans ce point microscopique. Toi, moi, la Terre, le Soleil et toutes les étoiles et galaxies. Le vertige de l'infiniment petit est encore plus difficile à concevoir que celui de l'infiniment grand pour un homme. J'imagine que pour toi, c'est l'inverse.

— Votre intelligence humaine comble bien les limites de vos sens. Vos savants et votre curiosité insatiable vous ont déjà bien fait avancer dans le savoir. Vous m'épatez parfois...

— Oui, Aristote, Galilée, Copernic, Newton, Einstein, Bohr, Heisenberg et quelques autres grands esprits ont su imaginer le comportement de la matière. Mais pour résoudre l'énigme de la naissance de l'Univers, il nous faut réussir à passer ce mur et théoriser et unifier les forces dans un contexte de gravité exceptionnelle s'exprimant dans un infime espace. Il va nous falloir un nouveau génie pour aller plus loin et fusionner la théorie de la relativité générale qui gère les phénomènes gravitationnels de l'infiniment grand et la théorie quantique qui décrit l'infiniment petit. Un savant capable d'imaginer l'inconcevable pour découvrir la théorie du tout, dite de la gravité quantique.

Tout à coup, je me tais. Je réalise que, depuis un instant, je parle et je discours avec enthousiasme dans la chaleur de cet été languedocien. Pour n'importe quel observateur, il n'y aurait qu'un pauvre fada dialoguant seul face à son verre. Heureusement, après un rapide regard circulaire sur la campagne entourant le mas, je suis rassuré de constater qu'il n'y a comme seuls témoins que les hirondelles, les bourdons, les sauterelles et les cigales.

Du coup, je m'interroge sur les connaissances théoriques de mon ami infinitésimal, nouveau compagnon…

— Mais toi, Eugène, en sais-tu plus que nous sur les raisons qui ont poussé cette « microbille » incandescente à exploser et à se déployer ?

— Bien difficile de te répondre. Car non, je n'en sais pas plus.

— Dommage…j'espérais…

— Les quarks[1] qui composent mon noyau atomique sont apparus, tout autant que les tiens, que ceux de Louis XIV, de Bouddha, Mozart, Abraham Lincoln, ta coiffeuse, ton percepteur, ce lézard, cette mouche ou cette crotte d'hirondelle, dans cette même marmite flamboyante de la taille d'une tête d'épingle.

— Au moins, nous étions tous très proches à cette époque. Cette histoire originelle nous rend finalement assez intimes avec tout l'univers et tous les êtres qui le composent.

— Effectivement, tout le cosmos que tu contemples et tous les hommes que tu croises ont cette origine commune. Vous voyez qu'il n'y a pas de quoi vous entretuer pour un oui ou pour un non !

— Certes, cette vision scientifique de notre origine commune devrait inspirer nos religions !

---

[1] Quark : particule élémentaire qui est le plus petit constituant connu de la matière observable. Les quarks se combinent entre eux pour former des particules composites dont les protons et les neutrons sont les exemples les plus connus. Il existe plusieurs sortes de quarks dont les combinaisons vont donner les caractéristiques de la particule composite : Quark d, u, s, c, b, t.

— Nous n'avons pas de religion, nous ! Est-ce un bien ou un mal…? À vous voir depuis des millénaires vous entretuer, je doute…

— Tu as raison mais il faut séparer, quête de transcendance et religion… Ce n'est pas parce que les religions sont imparfaites à l'image des hommes qui les dirigent, que Dieu n'existe pas. Une transcendance sans religion est-elle possible ? Vaste débat, nous y reviendrons peut-être si cela t'intéresse.

— Tu sais, moi, tout ça… Je ne suis que matière. Alors la transcendance, Dieu et tous vos prophètes, je m'en fiche un peu et ça n'empêche pas mon électron[2] de tourner sur son orbite.

---

[2] L'électron, un des composants de l'atome avec les neutrons et les protons, est une particule élémentaire qui possède une charge élémentaire de signe négatif. Il est fondamental en chimie, car il participe à presque tous les types de réactions chimiques et constitue un élément primordial des liaisons présentes dans les et d'effets. Ses propriétés, qui se manifestent à l'échelle microscopique, expliquent la conductivité électrique, la conductivité thermique, l'incandescence, l'induction électromagnétique, la luminescence, le magnétisme, le rayonnement électromagnétique, la réflexion optique et la supraconductivité, phénomènes macroscopiques largement exploités dans les pays industrialisés. Possédant la plus faible masse de toutes les particules chargées, il sert régulièrement à l'étude de la matière.

— Revenons à ton histoire qui est aussi la nôtre. Alors, suite au Big Bang, rapidement, ce concept originel de point unique, que ni nos esprits, ni nos théories mathématiques ne sont capables d'imaginer, s'est répandu et dispersé, créant ainsi le temps, la matière et surtout l'espace et lui permettant de se diluer lui-même.

— Assurément, dès les premières secondes de cette explosion de l'univers, l'énergie s'est transformée en matière. D'abord les particules élémentaires, les neutrinos[3], les électrons, les quarks et quantités d'autres particules aux noms fumeux… Moi, mon noyau s'est formé à partir de trois quarks qui baignaient jusque-là, innocemment, dans cette fournaise. Ce sont dans les trois premières minutes de l'univers que tous les noyaux d'atomes[4] d'hydrogène se sont créés au milieu de ce plasma immensément chaud et concentré. Tous, sans exception ! Qu'ils soient maintenant

---

[3] Neutrino : particule élémentaire, sans charge électrique, de masse quasi nulle ne possédant que des interactions faibles et électromagnétiques, et intervenant dans le processus de l'émission radioactive.

[4] Atome : plus petite particule ne pouvant être divisée sans perdre ses propriétés chimiques. Bien que le mot atome vienne du grec signifiant indivisible, les progrès de la science ont prouvé qu'il était constitué en fait d'un nombre variable de particules subatomiques lui conférant ses caractéristiques : neutrons, protons et électrons. Pour l'oxygène : 8 protons + 8 neutrons + 8 électrons en orbite.

dans les étoiles au travers de l'univers, dans ton corps, dans l'océan ou dans ton verre d'eau.

— Ben dis donc… Ça ne te fait pas jeune !

— Oui ! Mais le temps glisse sur moi, à la différence de certains…

— Tu es bien espiègle, mon petit Eugène… Ça, c'est un coup à finir avalé par mon gosier d'un coup sec ou versé sur la terrasse, lui dis-je avec un clin d'œil.

— Bon, bon...d'accord. Je vais apprendre à tourner sept fois mon électron dans ma bouche avant de parler.

— Oui, ce serait plus prudent si tu veux découvrir les belles corolles de ces iris, lui dis-je goguenard avec une pointe d'ironie dans mon propre iris.

— Je continue donc. Ensuite, la baisse de la température a stoppé net notre nucléogenèse[5] primordiale. Plus aucun

---

[5] La nucléosynthèse primordiale s'est manifestée à l'échelle de l'Univers tout entier, durant les premières dizaines de minutes suivant le Big Bang. Elle est responsable de la formation des noyaux légers, principalement l'Hydrogène. Aucun élément plus lourd n'a été créé durant cette période. La nucléosynthèse stellaire est l'ensemble des réactions nucléaires qui se produisent à l'intérieur des étoiles (fusion nucléaire) ou pendant leur destruction explosive et dont le résultat est la production de chaleur et lumière mais aussi la synthèse de la plupart des noyaux atomiques de plus en plus lourds. C'est au cœur des étoiles que se fait la synthèse de tous les autres éléments de la matière : carbone, oxygène, fer, etc.

noyau de mes congénères ne sera généré ensuite. Dans cette ambiance progressivement plus fraîche, un milliard de degrés tout de même, nous étions enthousiastes de cette nouvelle existence. Avec tous les protons[6], neutrons[7] et électrons, nous étions dans un état d'agitation incroyable.

— Le souffle joyeux et désordonné de la jeunesse…

— Oui. Alors que l'Univers, c'est-à-dire le temps et l'espace, grandissait en nous diluant et en faisant baisser la température ambiante, mon noyau, un proton ionisé positif ainsi nouvellement formé, se cognait en permanence avec d'autres particules. Il se frottait avec violence à ses confrères, à des électrons turbulents ainsi qu'aux photons[8]

---

[6] Le proton est une particule subatomique portant une charge élémentaire positive. Les protons sont présents dans le noyau atomique, éventuellement liés avec des neutrons par l'interaction forte (le noyau le plus répandu est celui d'Eugène, l'hydrogène 1H+, c'est un simple proton). Le proton n'est pas une particule élémentaire, étant composé de 3 autres particules : deux quarks up et un quark down. Le nombre de protons d'un noyau est représenté par son numéro atomique (Z).

[7] Le neutron est une particule subatomique de charge électrique nulle. Les neutrons sont présents dans le noyau des atomes, liés avec des protons par l'interaction forte. Si le nombre de protons d'un noyau détermine son élément chimique, le nombre de neutrons détermine son isotope. Il est composé de deux quarks down et un quark up.

[8] Photon : c'est le quantum d'énergie associé aux ondes électromagnétiques (allant des ondes radio aux rayons gamma en passant par la lumière visible), qui présente certaines caractéristiques de particule élémentaire. En théorie quantique des champs, le photon est la particule médiatrice de l'interaction électromagnétique.

qui n'arrivaient pas à quitter la masse de matière dans laquelle ils étaient englués.

— La lumière ne sortait pas de la matière ? Une sorte de corps noir absolu ?

— Oui, les photons étaient prisonniers de cette matière dense. Il faudra attendre près de 400 000 ans pour que le refroidissement progressif de notre univers grandissant permette à mon proton positif d'attraper un charmant électron négatif et ainsi me rendre neutre. Tout l'hydrogène de cet immense espace s'est formé à cet instant précis. Nous étions tous là. Tous mes amis H se sont lancés dans le monde à cette date. Les copains, que tu t'apprêtes à boire dans ce verre, viennent de là.

Je regarde le verre et son contenu aqueux avec un sentiment étrange. Comme si j'avais devant moi le plus antique des fossiles possibles.

Eugène m'arrache de mes pensées.

— C'est d'ailleurs à ce moment-là que la lumière put enfin jaillir, libérée du magma ionisé et brûlant. Ce sont ces photons que vos astronomes captent dans ce qu'ils appellent le fond diffus cosmologique, ou rayonnement fossile[9], et qui vous a servi de preuve à l'existence du Big Bang.

— « Fiat lux », comme le dit la Genèse. Le « visage de Dieu », comme l'appellent certains astrophysiciens. Quelle épopée formidable cela a dû être ! dis-je de plus en plus curieux et de moins en moins choqué de discourir seul au-dessus d'un verre d'eau.

— Attends, ce n'est pas fini. Là, la matière simple constituée majoritairement de mes collègues hydrogènes se répand dans un espace qui est en pleine expansion rapide. Imagine un grand nuage dense qui s'étend au sein d'un ballon qui gonfle. Si la matière répartie dans l'espace avait été totalement homogène, rien ne serait arrivé et tu ne serais pas là. Heureusement pour vous tous, les vivants, la densité n'est pas homogène à 100% mais à 99,999%...

— Effectivement, nous l'avons échappé belle ! Mais pourquoi ?

---

[9] Rayonnement fossile ou fond diffus cosmologique : il emplit le ciel comme un infime murmure radio. Découvert en 1965, le rayonnement est à trois degrés au-dessus du zéro absolu. Il représente 1% de la « neige » sur nos écrans de télévision. C'est le cri de naissance de l'Univers. Il remonte à 380 000 ans après le Big Bang.

— Car ce ridicule petit pourcentage d'inhomogénéité a permis, sous l'effet de la gravité générée par ces micros grumeaux, de créer des nuages d'hydrogène et d'hélium, qui se sont concentrés progressivement en étoiles. Au cœur de cette Stellogenèse[10], de nouveau j'eus très chaud !

— Sinon, sans ces 0,001% d'inuniformité, l'univers serait resté à l'état de gaz d'hydrogène ? Sans rien d'autre ?

— Oui, un vaste brouillard froid et homogène. Car c'est dans ces cœurs d'étoiles que la gravité développa de telles énergies que la nucléo genèse se mit en marche créant ainsi des atomes plus lourds à partir de certains de mes copains H. Alliant leur noyaux, unissant leurs électrons, ils devinrent des atomes de lithium, béryllium, azote, oxygène, fer, etc. Et oui, nous, les atomes d'hydrogène, nous sommes la brique originelle de toute la matière plus élaborée.

— Je suis flatté de converser avec une éminente brique de base du cosmos.

---

[10] Stellogenèse : les étoiles se forment en groupe à partir de la contraction gravitationnelle d'une nébuleuse, un nuage de gaz et de poussière. Celui-ci se contracte en formant une étoile, tandis que la matière en périphérie se retrouve sous forme d'une enveloppe et d'un disque d'accrétion. Ce dernier disparaît généralement avec le temps mais peuvent s'y former entre-temps des planètes.

— Ne te moque pas ! C'est ce cycle-là qui a créé la complexité et la variété de la matière. Les étoiles se concentraient, brûlaient leur hydrogène, explosaient et le cycle recommençait plus loin, créant des noyaux de plus en plus lourds. De plus en plus de ces amas d'étoiles se formèrent, il y eut de vastes regroupements qu'on appela galaxies. Moi, je me suis retrouvé pendant des milliards d'années dans cette vaste usine à matière ballotté et malmené par des forces électromagnétiques, gravitationnelles et nucléaires qui décidaient bien malgré moi de mes trajectoires et de mes voisins de voyage. Heureusement, j'ai échappé à la fusion nucléaire et je suis resté un innocent atome d'hydrogène.

— Eh bien, tu m'as l'air bien dégourdi quand même pour un innocent atome d'hydrogène...

— Ce qui allait changer ma vie et faire apparaître la tienne s'est déroulé il y a près de 5 milliards d'années à l'extrémité d'un bras de la voie lactée, notre galaxie. Nous venions de subir l'explosion d'une Super Novæ, dernier éclat et chant du cygne d'une étoile en fin de vie. Nous étions donc paisibles, flottant dans une gigantesque nébuleuse de matière composée des restes stellaires issue de ce cataclysme.

— C'était le repos après la tempête !

— Effectivement, mais ce fut de courte durée car sous l'effet de la gravitation, produite par quelques amas plus denses, nous nous sommes mis à nous agréger et à tournoyer autour d'un cœur rendu de plus en plus chaud et lumineux sous l'effet de la gravité. J'étais à plusieurs années-lumière de lui mais je le voyais bien. Il allait devenir notre soleil. Des nuages de poussières, de roches et de métaux s'entrechoquaient. De grosses masses se formaient en s'agglutinant et tournoyant autour de cette nouvelle étoile naissante ; ces masses allaient devenir nos planètes. Progressivement, je fus happé par un corps plus gros. Je me suis lié bien involontairement à un copain hydrogène et à un atome d'oxygène synthétisé dans la précédente étoile pour former une molécule d'eau.

— Finie la liberté pour toi !

— J'ai poursuivi ma destinée, congelé avec ma molécule d'eau, en lointaine banlieue du système solaire, sur la croûte d'une comète en plein nuage d'Oort[11]. J'ai fait plusieurs fois le tour de ce système, frigorifié sur ma comète au milieu de molécules de méthane et d'ammoniac. J'ai vu toutes les planètes se former autour d'un soleil de plus en plus brûlant. Et puis un jour, des millions d'années après, je me suis fait éjecter dans l'espace lors d'un passage près du soleil qui fit fondre la couche de glace et de roche dans laquelle j'étais prisonnier. Nous nous sommes retrouvés dispersés dans un jet de vapeur au milieu de la chevelure de notre comète. Abandonné dans le vide sidéral, ma chance a été d'être sur la trajectoire de l'orbite terrestre et c'est ainsi que j'ai atterri sur cette planète. C'était il y a plus de 4 milliards d'années.

— Je reste sans voix. Tu m'as résumé avec brio les 9 milliards 700 millions premières années de ta vie. Impressionnant !

---

[11] En astronomie, le nuage d'Oort est un vaste ensemble sphérique composé de corps célestes, centré sur le soleil, bien au-delà de l'orbite des planètes et de la ceinture de Kuiper. La limite externe du nuage d'Oort, qui formerait la frontière gravitationnelle du système solaire se situerait à plus d'un millier de fois la distance séparant le Soleil et Pluton, soit entre une et deux années-lumière du Soleil. En se fondant sur les analyses des orbites des comètes, on pense qu'il est l'origine de la plupart d'entre elles. Les objets dans le nuage d'Oort sont largement composés de glaces, comme l'eau, l'ammoniac et le méthane. Nos étoiles filantes, fragments de roches larguées par les queues des comètes lors de leurs passages près du soleil et qui s'illuminent lorsqu'elles croisent l'orbite terrestre viennent de ces horizons lointains.

— La suite sera encore plus étonnante. Car maintenant tu vas voir ce que j'ai vécu sur cette petite planète perdue au milieu de nulle part et que vous croyez être le centre de l'Univers.

— Au milieu de nulle part, certes, mais idéalement placée : ni trop près du soleil à cuire, ni trop loin à geler. Ainsi, 5 milliards d'années plus tard après des cascades d'évolutions, nous sommes là, à taper la causette comme deux vieux potes !

— Effectivement ! Et cette inclinaison idéale de son axe de rotation qui vous permet de vivre le changement des saisons.

— Quelle poésie !

— Je ne vois pas de poésie, je ne vois que de la physique, moi.

— Eh bien, en ce qui me concerne, je suis heureux de comprendre ce qui sous-tend scientifiquement ma perception poétique du monde.

— En discutant avec moi, tu as donc l'impression de rentrer un peu dans les coulisses d'un spectacle tellurique que l'homme admire depuis qu'il arpente cette Terre et qu'il assimile à de la beauté ou à de l'art ?

— Oui, et j'ai hâte que tu me racontes quand même comment tu as fini dans mon verre…

— Alors, remontons le temps ensemble. J'ai commencé par atterrir avec mon bloc de glace dans un lac de roche en fusion sur une Terre chaude et fumante. Instantanément, je me suis sublimé en vapeur. Il ne faisait pas bon marcher sur cette boule encore trop brûlante. Ce sont les apports successifs et colossaux des comètes et météorites qui ont rempli d'eau cette planète si rougeoyante et dégoulinante de lave.

— Je me baigne donc lorsque je vais à la mer ou à la rivière dans l'eau extraterrestre des météorites et des comètes… Amusant !

— Oui. Mais avant que la Terre ne soit recouverte à 70% de mer où tu te plais tant à barboter, il a fallu du temps. Car si je suis passé rapidement de l'état de glace à l'état de liquide puis de vapeur, je suis ensuite resté longtemps en suspens dans des nuages gorgés d'éclairs et de foudre. Il fallait attendre que ça refroidisse en dessous. Puis, la température baissant, j'ai commencé à me liquéfier et tomber en goutte. Bref, j'ai plu !

— Tu as plu ? Belle image ! Tu vois qu'il y a de la poésie même en science…

— C'est ça, j'ai plu. Changeant régulièrement d'état, passant des océans aux nuages en fonction de la température, j'ai vu celle qui allait devenir notre jolie planète bleue en pleine violence et être secouée de soubresauts telluriques. Ce jeune globe recevait quotidiennement des astéroïdes qui le percutaient violemment. Ils étaient énormes et cela dégageait une énergie colossale. Ces blocs de roches le faisaient grossir mais aussi s'échauffer ce qui fit fondre les métaux et le fer en particulier qui s'écoulèrent ainsi en son cœur.

— C'est donc de là que vient le cœur de fer de la Terre ?

— Oui, et c'est ce noyau de métal qui a créé ainsi avec la rotation terrestre un champ magnétique qui nous protège maintenant tous les jours des vents solaires ultra corrosifs qui stériliseraient toute vie en quelques minutes s'ils disparaissaient. Tu vois comme le hasard a bien fait les choses, tout de même.

— D'où nos boussoles qui montrent le nord et le sud en s'alignant sur ce champ magnétique.

— Voilà, tu as tout compris… Puis un jour, j'ai vu un astéroïde plus gros que les autres emporter un bout de notre Terre qui, projeté dans l'espace, forma la lune. Un choc terrible !

— Cela a depuis, bien agrémenté nos nuits et donné un lumignon aux amoureux, des thèmes aux poètes et des rêves aux astronautes. Nous pouvons le remercier cet astéroïde !

— Effectivement ! Et plus prosaïquement, la lune vous a donné aussi les marées. Puis, en ralentissant par son effet gravitationnel le rythme de rotation de la Terre, elle vous a permis progressivement de profiter de longues journées de 24 heures. Car une journée n'en durait que 6, à l'époque.

— Les marées et les durées des jours qui varient grâce à la gravité exercée par l'astre lunaire, cela reste de la poésie, non ?

— Certes, mais à l'époque, tes poètes auraient trouvé le monde peu accueillant. Les tempêtes en mer étaient d'une violence incomparable et les orages extraordinairement électriques. Tu n'aurais pas dégusté paisiblement un verre d'eau à cet endroit il y a 4 milliards d'années.

— Heureusement, avec le temps, les choses se sont assagies.

— Oui, la Terre s'est refroidie ne gardant plus en son centre, autour d'un noyau de fer, qu'un cœur brûlant de liquide magmatique à près de 6000°c. Un feu d'enfer dont les volcans nous vomissent périodiquement d'inquiétantes et destructrices laves incandescentes. C'est dans cette forme d'apaisement progressif que la vie est apparue. Ne me demande pas trop comment, c'est encore un mystère.

— La vie… Une entité possédant une membrane qui l'isole du milieu extérieur, un métabolisme qui lui fournit de l'énergie et un matériel génétique qui lui permet de se reproduire et d'évoluer et dont la plus petite unité est la cellule… Voilà ce dont je me souviens de mes cours de fac.

— Certes, mais tu ignores tout de la magie de son apparition à partir de matière inerte et sans âme…

Moi aussi d'ailleurs. J'étais trop occupé avec mes collègues les molécules d'eau à faire des allers-retours entre les nuages et les océans. Je n'ai donc pas vu jaillir, sous l'effet de je ne sais quoi, les premières cellules de vie. Ainsi, je n'ai pas pu observer, dans les mares et les marais, l'émergence des procaryotes[12], puis des eucaryotes[13], des

---

[12] Procaryote : le terme procaryote provient du latin pro, « avant », et du grec karyon, « noyau ». Le Procaryote est un être vivant dont la structure cellulaire ne comporte pas de noyau, et presque jamais d'organites membranés. Il s'agit (très vaguement) des micro-organismes unicellulaires simples qu'on nomme informellement bactéries.

[13] Eucaryote : le terme Eukaryota provient du grec eu, « bien » et karyon, « noyau ». Il signifie donc littéralement « ceux qui possèdent un véritable noyau » et regroupe tous les organismes, unicellulaires ou pluricellulaires, qui se caractérisent par la présence d'un noyau et généralement de mitochondries dans leurs cellules. Il s'oppose au concept de Procaryote.

cyanophycées[14], bactéries et autres minuscules fragments d'existence possédant un code génétique intégré dans un brin d'ARN puis d'ADN[15].

— C'est vraiment dommage d'avoir raté ça, car après le Big Bang, c'est bien l'un des grands mystères de notre existence.

— Je sais ! La rumeur dit que c'est à partir d'azote, d'ammoniac, de méthane et d'eau associés par le « hasard » dans les sources chaudes que la vie est apparue. D'autres disent que c'est la chaleur et les effets de la foudre qui ont

---

[14] Cyanophycées : les cyanobactéries, ou cyanophycées, ou encore algues bleues (leur ancien nom), sont des bactéries photosynthétiques, c'est-à-dire qu'elles tirent parti, comme les plantes, de l'énergie solaire pour synthétiser leurs molécules organiques. Pour capter cette lumière, elles utilisent différents pigments : des phycocyanines (de couleur bleu-vert) ou la chlorophylle.

[15] ADN : l'ADN, ou acide désoxyribonucléique, est un polynucléotide double brin dont les nucléotides sont formés d'un phosphate, d'un sucre − le désoxyribose − et de l'une des quatre bases A, G, C, T. Localisé dans les chromosomes, l'ADN contient l'information génétique. Le génome est l'ensemble de l'ADN d'un organisme. Sorte de « code », qui donne la clé de tous les êtres vivants. Chaque individu abrite dans ses cellules un noyau, qui comporte le même ADN. Dans chacun de ces noyaux, les molécules d'ADN sont très serrées et repliées, au point même qu'on évoque les concernant un « super enroulement ». Du coup, l'ADN complètement déplié d'un individu est de 2.7m par cellule. Compte tenu du nombre de cellules contenues dans le corps humain, environ 60 000 milliards, l'ADN déplié et mis bout à bout permettrait de couvrir 400 000 fois la distance Terre-lune (environ 400 000 kilomètres), soient 4 millions de fois le tour de la Terre (40 000 kilomètres) !

synthétisé les premiers acides aminés. Beaucoup pourtant pensent qu'elle a été importée par les bombardements de météorites, certaines venant peut-être de Mars, faisant de chacun d'entre vous les descendants directs de l'Univers sidéral. C'était il y a un peu plus de 3,5 milliards d'années qu'est donc apparue cette cellule ancestrale commune à tous les êtres vivants.

— J'en ai entendu parler. Nos scientifiques l'appellent LUCA, je crois. C'est l'acronyme de Last Universal Common Ancestor, dernier ancêtre commun universel. Une sorte de mythe dont nous descendrions tous.

— Bien sûr ! Les végétaux, les champignons, les animaux et les hommes, vous avez tous dans votre arbre généalogique cette première cellule vivante. Elle est venue d'on ne sait où, isolée et qui, en se multipliant en deux cellules filles, a jeté un souffle vital sur le monde qui ne s'est plus jamais éteint.

— La cellule est la brique de base du vivant. Tout comme ton proton et ton électron font partie des briques élémentaires de la matière.

— Oui, mais là, la brique se réplique, se divise et évolue toute seule. Après une reproduction acharnée, une démultiplication exponentielle à la surface du globe et au fond des océans, les cellules se sont associées progressivement. En se différenciant de manière complémentaire, elles ont commencé à coexister au service de l'ensemble de la colonie. De plus en plus perfectionnée, l'association cellulaire a formé des organes spécifiques au service de la collectivité. Des tubes digestifs, des circuits d'irrigation, des systèmes complexes de communication et ainsi de suite… Jusqu'à toi, descendant direct de ce LUCA et qui est aujourd'hui composé de 7 milliards de milliards de milliards d'atomes et d'environ 100 000 milliards de cellules de 300 sortes différentes au service les unes des autres et faisant de toi ce que tu es.

— Ainsi, nos corps ne sont qu'une vaste société cellulaire synergique et collaborative au service de l'ensemble de notre être. Et tu penses vraiment que ce vaste ciel détiendrait le secret de notre origine ? De mon origine ? dis-je en contemplant au-dessus de moi le bleu lumineux si caractéristique des cieux du sud.

— Oui ! Vous êtes des poussières d'étoiles, fils et filles de l'Univers… Car ensuite, c'est allé très vite. Toujours de manière tout aussi inexpliquée, certaines bactéries se sont mises à la photosynthèse. Certainement en incorporant un type de bactérie à l'origine du chloroplaste et riche en chlorophylle.

— C'était une forme d'asservissement au service de l'hôte et du serviteur : une vraie symbiose à mi-chemin de l'esclavagisme. Ce n'est pas joli joli... dis-je ironiquement comme si une posture morale avait un sens dans ce contexte-là. C'est étonnant tout de même cette tendance naturelle à l'anthropomorphisme qui nous pousse à tout juger à l'aune des principes humains de notre époque contemporaine.

— En tout cas, là, ce fut une avancée formidable qui allait permettre ta venue dans ce monde plus de 3 milliards d'années plus tard. Car grâce à cette nouvelle capacité d'utilisation de l'énergie lumineuse, les bactéries des océans primitifs transformèrent le dioxyde de carbone et l'eau en glucose et composés organiques nécessaires à leur survie. Toute cette réaction biochimique se faisant en recrachant un déchet gazeux : l'oxygène !

— Voilà donc, grâce à ces bactéries gorgées de chlorophylle, notre atmosphère qui progressivement est devenue respirable. Je n'ai pas l'occasion de le dire souvent mais, merci les bactéries ! Transformer le CO2 en oxygène, voilà une idée de génie.

J'en profite pour inspirer une grande bouffée d'air un peu trop chaud à mon goût en cette après-midi.

— Tu fais bien ! Respire un bon coup car l'aventure continue : ces bactéries sont les plus simples et les plus nombreuses sur Terre. Elles sont très adaptables grâce à des mutations génétiques rapides et aléatoires. En se multipliant, elles donnent plusieurs générations par jour. Cela leur permet à chaque fois d'avoir au moins un individu muté adapté à son environnement et qui perpétue l'espèce. Elles résistent donc à tout ! Il est fort probable d'ailleurs qu'elles survivent et restent les seules à s'approprier la planète si vous, les hommes, à force de bêtise, ne savez pas maintenir la Terre habitable et respirable pour vous, les mammifères et les végétaux.

— Effectivement, j'ai déjà pu voir dans mon domaine médical le talent qu'elles mettaient à résister à nos antibiotiques ! Leur simplicité et donc leur agilité face à l'adversité sont de vrais atouts préjudiciables parfois à la vie de mes congénères qui subissent les assauts des streptocoques, bacilles, staphylocoques et autres Escherichia...

— Oui, elles dominent le monde ! Ce sont elles les vraies conquérantes ! Elles sont 6 fois 10 puissance 30 individus à trouver chaque jour dans le monde des solutions à chaque nouvelle condition de vie ou nouvelle agression. Tu en as d'ailleurs plusieurs centaines de milliards dans ton corps. 10 fois plus de bactéries hôtes que de cellules qui te composent. 2 kilogrammes de bactéries dans le corps, essentiellement logées dans tes intestins. Tu imagines ? Tu es un biotope[16] à toi tout seul !

— C'est un coup à ce qu'elles prennent le pouvoir sur nous un jour ! On ne va plus faire la loi dans notre corps à ce rythme-là !

— Elles vous sont nécessaires… Sans elles, tu mourrais et elles sont à l'origine de vous tous.

— Et comment ces protozoaires[17] sont-ils devenus Einstein, Mozart, Hugo ou monsieur Pasteur, qui a si bien su les comprendre ?

------

[16] Biotope : milieu défini par des caractéristiques physicochimiques stables et abritant une communauté d'êtres vivants (ou biocénose) adaptée à ce biotope. (Le biotope et sa biocénose constituent un écosystème.)

[17] Protozoaire : en biologie, le terme protozoaire (du grec proto, « premier » et zôon , « animal ») désigne les eucaryotes unicellulaires sans chlorophylle et généralement aptes à ingérer des proies organisées à l'aide d'une « bouche », temporaire (amibiens) ou permanente (ciliés).

— Tout d'abord, ils ont développé des armes pour se déplacer, se défendre et attaquer. La phagocytose[18], des dards empoisonnés et tant d'autres outils appartenant au génie cruel que la nature a mis d'emblée dans le monde.

— Oui, là où il y a la vie, il y a lutte et combat entre les espèces et les individus. Dès qu'il y a vie, il y a souffrance et mort.

— Tout comme là où il y a votre conscience, apparaissent le bien et mal. Mais sans conscience, comme chez ces bactéries, ce ne sont que des instincts. Il n'y a rien à soumettre à un jugement moral.

— J'ai quand même du mal à trouver un sens spirituel à cette lutte armée pour la survie qui existe depuis les origines et qui touche tout le monde vivant et dont notre humanité n'est pas exempte. Comment ce dessein intelligent, qui cautionne cette impérieuse nécessité de tuer pour survivre et évoluer, pourrait s'inscrire dans une volonté divine aimante et pleine de bonté ? Cela m'interpelle.

— Difficile de t'aider sur ce sujet... Moi, je constate. Je ne cherche ni le sens, ni les raisons cachées des choses.

---

[18] Phagocytose : processus permettant à une cellule d'englober puis de digérer une substance étrangère ou une autre cellule.

— Oui… Allez ! Ne philosophons pas trop. Raconte-moi la suite !

— Je poursuis donc car l'histoire du monde se fit en grande partie sans aucun témoin pour l'apprécier ou aucune conscience pour le juger et tenter d'y déceler un plan réfléchi. Avec le temps, la température de la Terre s'abaissant, les océans ont été de plus en plus nombreux, la couche nuageuse moins épaisse et progressivement, j'ai vu réapparaître le soleil !

— Quel bonheur ce dut être après ces millions d'années dans la brume !

— Oui, le foisonnement de l'évolution du Monde m'apparaissait en plein jour. Tout comme la matière s'était complexifiée dans l'univers, la vie et les structures du vivant s'étaient développées et enrichies de moyens nouveaux pour survivre, pour se reproduire et pour coloniser le plus d'espace possible. La respiration était apparue chez certaines amibes. C'est d'ailleurs là que j'eus l'occasion d'être intégré dans une molécule d'acide gras au sein de la paroi d'une splendide bactérie bleue. Plus tard, il me fut permis de prendre ma place dans une molécule de glucose située au cœur de l'ancêtre commun de tous les êtres pluricellulaires, un animal qui se trouve donc être aussi ton papi : une éponge !

— Wouahou ! Je suis donc un cousin de ScotchBrite ! Quelle promotion sociale ! Et dire que les éponges sont des animaux…

— C'est valorisant, non ? De mon côté, j'ai même eu le privilège de passer dans le corps de certains autres de tes aïeux : des algues, un des premiers poissons de la création, des mollusques énormes et les premiers végétaux aquatiques… On était loin à l'époque de ce splendide tilleul qui te rafraîchit de son ombre.

— Tout à fait ! Je lui rends grâce d'être là, sinon à cette heure, je grillerais à petit feu.

— Il n'y a pas que l'ombre bienfaisante du tilleul qui te protège. Car grâce à mes cousins oxygènes qui se sont associés en triplette, la couche d'ozone[19] s'est formée. C'est ce qui a permis à la vie de ne pas s'éteindre, irradiée par les UVs, lorsqu'elle eut l'outrecuidance de vouloir s'extirper des mers où elle était cantonnée depuis son émergence.

---

[19] Ozone : gaz toxique de couleur bleutée, odorant, au pouvoir très oxydant, formé de trois atomes d'oxygène (O_3). Présent dans la haute atmosphère, il protège la Terre de la majorité du rayonnement ultraviolet du soleil.

Ce petit atome est un puits de science ! Je bois ses paroles à défaut de le boire… Il reprend avec le même enthousiasme pédagogique.

— Il y a 600 millions d'années, poussés par je ne sais quel instinct et protégés par l'ozone, les premiers êtres vivants sont donc sortis des eaux. Cela a été une vraie révolution car à partir de là, j'ai vraiment vécu beaucoup plus d'expériences en m'incorporant au grand air à des végétaux ou des animaux de plus en plus complexes. Car entre-temps est apparue…la sexualité !

— Ah ! Enfin du croustillant ! Voilà un sujet qui intéresse tout le monde, comme l'a dit Freud.

— Il n'a pas tort ton Freud. Car la sexualité est à la fois l'essence et le moteur du monde sexué !

— Essence et moteur ? Bref, ça ne marche qu'à ça alors !

— Moque-toi ! La nécessité d'une continuelle évolution, apte à fournir des fonctions novatrices pour développer de nouvelles qualités, ne réussissait pas à se contenter des mutations pour proposer des options génétiques révolutionnaires. Il lui fallait par un brassage de gènes et une démultiplication des combinaisons génétiques un mécanisme original : la sexualité !

— Ah ! Ça sert à ça au final la sexualité ? Mince ! J'imaginais ça plus ludique en fait, dis-je en plaisantant.

— Et pourtant, la raison profonde de tous vos jeux de séduction est bien celle-là. Car, en complément des mécanismes de mutation existants, le grand intérêt de la fusion de deux gamètes et de l'association de leurs chromosomes est de proposer une créativité évolutive surprenante et incommensurable.

— Il faut que je garde ça en tête quand j'expliquerai à mes fils le coup des deux petites graines qui font des bébés.

— Oui ! Ne l'oublie pas. Car mutations et sexualité sont les deux mécanismes qui font émerger des individus porteurs de caractéristiques nouvelles. Quelquefois, ce sont des améliorations qui permettent d'être mieux adaptés que les autres à l'environnement ; et alors elles prospèrent dans la descendance du porteur. Parfois, ces mutations ou ces brassages chromosomiques apportent des caractéristiques néfastes et désavantageuses, et cela entraîne la mort de l'individu ou de ses enfants. Seules ne sont sélectionnées que les lignées qui voient leurs potentiels s'améliorer par rapport à leur milieu. Chaque fécondation devient une immense loterie.

— Alors, je n'ai plus qu'à me réjouir, malgré mes imperfections, que l'association des chromosomes de mes parents m'ait fait tel que je suis. Car finalement, je n'ai pas trop à me plaindre…

— Même si ça pourrait être mieux, Thierry ! dit-il en gloussant.

— Ça, tu l'as dit Eugène ! Chacun arrive dans la vie avec « son jeu de cartes », ce que tu appelles les qualités et défauts génétiques. Ensuite, il nous faut jouer la « partie de la vie » du mieux possible avec ce potentiel. Nous ne sommes décidément pas égaux au départ.

— Et certains, franchement, sont nettement moins égaux que d'autres. Et leur vie sur Terre peut devenir un long chemin de croix.

— C'est sûr. C'est bien pour cela que je ne me plains pas, le tout étant de ne pas gâcher son potentiel. Aussi ténu soit-il. Certains ne voient que ce qui leur manque et ne profitent pas de ce qu'ils possèdent en eux. Moi, je m'efforce de voir ce que j'ai et de plaisanter de mes défauts. Vive l'autodérision !

— L'ironie et l'humour… La politesse du désespoir. Tu as raison de cultiver cette sagesse. Mais revenons à la sexualité ! Tu la résumes un peu trop vite à un simple outil aléatoire de brassages de gènes et de fabrique de variabilités, bonnes ou mauvaises.

— C'est ce qu'elle est.

— N'oublies-tu pas que consubstantielle à la vie des hommes et des femmes, la sexualité leur a permis de développer toutes les beautés, les drames et turpitudes de l'amour ? Que serait la vie des hommes et des femmes sans l'amour ? Combien de poésies, romans, musiques, opéras, peintures, sculptures et d'œuvres d'art en général n'existeraient pas sans le ressort de l'amour ? Quels seraient nos rêves ? Crois-tu sincèrement que la sexualité ne soit que le frottement de deux épidermes destinés à brasser nos gènes aléatoirement pour permettre l'apparition de caractéristiques mieux adaptées à l'environnement ?

— Hi hi hi ! Sacrés humains ! Bien que soumis à la chimie de votre cerveau et de vos hormones, vous voulez toujours enjoliver les choses ! Eh bien, dis-toi que malgré vos poètes et votre littérature, toutes les belles choses inspirées par le sentiment amoureux dont tu viens de me parler, ne s'inscrivent que dans l'obligation physique de s'unir à l'autre pour se reproduire. Tous les êtres vivants sexués la subissent inéluctablement. Les arbres, les fleurs, les chiens, les oiseaux, les mouches, les bonobos et...les hommes ! Toute cellule ne « rêve » que de se reproduire ! Toute vie, Thierry, n'est que la porteuse provisoire de l'information génétique et de son outil reproductif ! Voilà la vraie vérité des choses…

— Même si je me rappelle qu'un certain Jacques Monod a confirmé tes propos en disant que tout organisme vivant fait de sa capacité à se reproduire, son seul et unique projet invariable et universel, je pense malgré tout que notre méthode humaine basée sur les sentiments et…

— Sur la chimie, Thierry ! Juste des neuromédiateurs[20] dans ton cerveau qui…

— Sur la chimie, si tu veux… Une chimie qui inspire le sentiment, ou le sentiment qui inspire la chimie ? Je préfère me dire qu'elle n'est que le véhicule cérébral d'une attirance entre deux êtres. Et puis, après tout, vrai ou pas, peu importe, c'est plus beau comme cela ! C'est tout ! dis-je avec un air faussement péremptoire.

---

[20] Neuromédiateurs : le neuromédiateur ou médiateur chimique est une substance chimique (appelée également neurotransmetteur) fabriquée par l'organisme et permettant aux cellules nerveuses (neurones) de transmettre l'influx nerveux (message) entre elles ou entre un neurone et une autre variété de cellules de l'organisme (muscles, glandes).

Je ne vais tout de même pas laisser le dernier mot à cet assemblage de quarks vieux de presque 14 milliards d'années ! Qu'est-ce qu'il y connaît à l'amour, lui ?

— Hi hi hi !

— Et arrête de rire ! C'est pénible à la fin ! Je me fâcherais presque…

— Nous voyons le monde de points de vue si différents, Thierry. Nous avons chacun notre vérité, inaccessible à l'autre, peut-être…

Je souris. Il y a du bon sens dans cette infime parcelle de matière pleine de vide.

— Pourquoi nous, les Hommes, sommes sensibles à la beauté des choses ? Comment, au milieu de la violence de ce monde, pouvons-nous apprécier la diversité, l'harmonie et l'esthétique de la Nature ? Pourquoi sommes-nous doués de l'exquise particularité de savourer le spectacle des papillons qui butinent, d'un coucher de soleil, d'un océan déchaîné par la tempête, des fleurs parées de mille nuances de couleurs ou d'un jeu d'ombres dans les feuillages sombres d'un tilleul ? Reconnais, malgré ta vision matérialiste des choses, que nous sommes à part dans le biotope de la planète et accorde-nous quand même un peu de poésie et de sensibilité…

— Je ne vais pas te contrarier… Vous possédez, consciemment ou inconsciemment, l'outrecuidance d'imaginer plausible que vous ayez en vous une parcelle divine ou que l'Univers ait été fait pour l'Homme. Rien que ça, modestes anthropocentristes !

— Ne revenons pas à Dieu… J'ai cru que tu m'en apprendrais plus et tu es aussi ignorant que moi.

— Oui, Thierry, le mystère restera entier. Alors, revenons à la sexualité, qui finalement est un moyen de toucher à l'éternité en se perpétuant…

— Nos poètes le disent aussi de l'amour…

— Tu vois ! Hi hi hi ! Toute la création souscrit à la « poésie de la reproduction » et de la séduction. Elle n'est qu'un moyen de sélectionner les meilleurs gènes en choisissant le bon partenaire qui en est porteur : les crapauds qui chantent à tue-tête et bercent nos nuits pour montrer qu'ils ont la vigueur de chanter fort. Les cerfs qui bramment et luttent bois emmêlés le soir venu pour sélectionner le plus puissant. Les serpents dont les mâles s'entretuent pour féconder la promise. Les lions qui vont jusqu'à dévorer les lionceaux des mâles vaincus devant leur propre mère qui ne peut que s'y soumettre en attendant de porter les nouveaux petits princes. Tout est fait pour répandre ses gènes dans la nature et limiter la concurrence des autres !

— Oui, j'ai pu constater l'absence de compassion dans la nature. Mais note tout de même que l'Homme est le seul animal de la création qui puisse faire l'amour sans en avoir l'impérieuse envie dictée par sa physiologie. Nous avons même inventé l'érotisme pour enjoliver les choses et y placer ce ressort magique qu'est le plaisir. Nous avons déconnecté l'acte d'amour de la volonté reproductrice.

— Le bonobo et les chimpanzés aussi ! Vos documentaires animaliers ne manquent pas sur ce sujet ! Et tout ce que tu me décris sur l'érotisme est arrivé tardivement dans votre Histoire... Avant de parler porte-jarretelles, parfums et tenues affriolantes, il vous a fallu passer par des étapes purement instinctives : les cycles de madame, des éléments chimiques volatils comme les phéromones, puis des influences sensorielles et chimiques dont vous dépendez toujours pour vos élans copulateurs.

— Tu regardes les documentaires animaliers ?

— Oui, j'en ai vu un une fois. Alors que j'étais dans la fourrure d'un chat devant la télévision.

— Allez, cessons de disserter sur l'amour, le sexe et les moteurs du désir... Nous ne pourrons pas en avoir la même perception. Moi, qui suis un pauvre humain dépendant de ses sens et de ses sentiments, et toi qui ne vois tout ça que des tréfonds intimes de la matière.

— Oui, j'ai une vision bien différente de la tienne. Je l'ai vécu souvent de l'intérieur. J'ai donc une approche plus « terre à terre » et biologique, dirons-nous. Car sache que je me suis retrouvé dans le sperme d'un loup splendide lors de ses ébats torrides dans les forêts de Sibérie. J'ai eu aussi le privilège d'être intégré dans une molécule d'ocytocine, superbe hormone de l'attachement, au cœur du cerveau d'une biche qui venait de mettre bas et dont le cerveau imbibé de ce neuromédiateur chimique la rendait follement maternelle avec son faon. Et pour finir, le hasard m'a incorporé au sein d'une molécule du désir, la lulibérine. Largué dans l'hypothalamus d'une jeune paysanne un soir de bal, en plein été, lors d'une danse avec son nouvel amoureux.

— Eh bien ! C'est du joli ! Tu as fermé les yeux, j'espère…

— Pfiouu ! Elle avait le feu à la tête et au corps. Franchement, je préfère ne pas te parler de ce que j'ai vu dans la paille de la grange ce soir-là alors que je baignais dans un cocktail cérébral hormonal frétillant et stimulant.

Mais sache que ses neurones crépitaient au moment de l'extase finale ! Un véritable orage de plaisir sous un crâne ! Hi hi hi !

— Pour sûr, nous ne pouvons pas voir les choses de la même manière !

— Allez, n'en parlons plus et retournons 400 millions d'années en arrière lorsque la vie se mit à foisonner et à se diversifier hors de l'eau. Je l'ai vue se répandre sur les continents qui étaient bien différents d'aujourd'hui. Nous étions tous sur la Pangée[21]. Toutes les plaques continentales étaient encore soudées alors que la tectonique et les séismes ne les avaient pas encore séparées.

— J'imagine une véritable explosion de vie dans tous les domaines, végétaux et animaux.

— Oh que oui ! La vie, maintenant soumise aux mutations et aux brassages génétiques aléatoires de la sexualité, s'est mise à proposer de nouvelles pistes d'évolutions plus ou moins viables ; au bout de plusieurs

---

[21] Pangée : la Pangée (Du grec Pan « tout » et Gaia « Terre ») est un supercontinent formé au Carbonifère et regroupant l'ensemble des terres émergées. Au Trias, il s'est morcelé en Laurasia au nord et Gondwana au sud.

millions d'années, il y avait, sur le sol et dans les eaux, un nombre d'espèces variées incroyables.

— Mais tout ceci ne s'est pas fait sans heurt, je crois me souvenir, dis-je, avec l'air ridiculement sérieux de celui qui soliloque devant un verre d'eau.

— Effectivement, sur 500 millions d'années, il y eut de nombreuses, brutales et sévères extinctions. Des météorites, des modifications du climat ou un exceptionnel sursaut gamma[22] venant d'étoiles lointaines ont parfois détruit la quasi-totalité des espèces vivantes sur notre Terre. Ce fut un miracle qu'à chaque fois, malgré l'hostilité de l'environnement, la vie trouva de nouveau un chemin pour se développer grâce à des capacités d'évolution et d'adaptation exceptionnelles.

— L'idéal étant de ne pas être la génération qui subit le phénomène, susurré-je en espérant que l'espèce humaine, dansant inconsciente autour du volcan, ne serait pas la prochaine victime d'un de ces cataclysmes.

---

[22] Un sursaut gamma est en astronomie une bouffée de photons gamma qui apparait de manière aléatoire dans le ciel. Il est caractérisé par sa brièveté (de quelques secondes à quelques minutes). La théorie dominante est que le sursaut gamma est généré dans la majorité des cas par l'effondrement gravitationnel d'une étoile géante donnant lieu à la formation d'un trou noir et à l'émission d'un faisceau étroit et symétrique de matière atteignant des vitesses ultra-relativistes destructrices.

— Oui, car ces extinctions n'étaient pas si négatives que ça pour tout le monde finalement.

— Facile à dire aujourd'hui au calme dans la campagne…

— Tu vas comprendre. Regarde la dernière par exemple, il y a 65 millions d'années. Nous sommes en plein royaume des dinosaures et des reptiliens. Cela fait plus de 200 millions d'années qu'ils dominent le monde sans partage. Les mammifères sont petits. Ils vivent cachés et ne sont que des proies pour les mastodontes qui arpentent ce sol. En fait, pour tout te dire, tes ancêtres ont surtout servi de casse-croûtes pour ces grands lézards…

J'ai l'impression de l'entendre rire… Ce petit rire aigu d'atome d'hydrogène qui agace.

— Tout comme nous les humains d'aujourd'hui, ils se croyaient indétrônables. Pleins de morgue et de suffisance, j'imagine.

— Effectivement. Je les ai vus, les tyrannosaures, les tricératops, les diplodocus et autres velociraptors. De belles bêtes au sang-froid. Et puis un jour… Un éclair éblouissant a illuminé le ciel. Une lueur incandescente, un choc terrible, un tremblement que j'ai ressenti alors que je me trouvais au sommet d'un conifère dans une aiguille de pin à l'autre bout de la Terre. Je revois la vague de feu avançant inexorablement avec une vitesse gigantesque et qui a embrasé toute la planète.

— Il est difficile d'imaginer aujourd'hui cette exceptionnelle violence dans un paysage aussi paisible et bucolique que celui-ci, dis-je en contemplant les nuances de vert des différentes espèces de pins s'accrochant nonchalamment à la roche blanche de la garrigue.

Sa petite voix me sort de mes rêveries.

— Ensuite, alors que je crépitais dans les flammes qui rongeaient les carcasses des sauriens, je vis un nuage sombre qui se propagea en obscurcissant le ciel de tous nos continents. Il fit nuit noire pendant des mois à cause de la poussière soulevée et des cendres crachées par les volcans réveillés sous le choc de cette météorite. La température a donc baissé d'un coup dans cette obscurité apocalyptique. Sans lumière et avec le froid, la plupart des végétaux ont dépéri. Les dinosaures herbivores ont suivi. Les si puissants tyrannosaures qui s'en délectaient se sont effondrés dans la cendre et toute la chaîne alimentaire les a suivis dans la mort. Une grande chance pour toi, Thierry.

— Une grande chance ? Pour moi ? Pour mes ancêtres « casse-croûtes » sans qui je ne serais pas là ?

— Oui, car tes ancêtres, si petits, si fragiles, terrés à l'abri dans des trous et omnivores ont survécu, eux. Cachés des flammes de la déflagration dans leurs nids et se nourrissant des déchets végétaux et animaux, ils ont traversé cette abominable période.

— Les mammifères sont donc les grands gagnants de cette rencontre « fortuite » entre la Terre et cet astéroïde.

— Sans cette roche de 10 km de diamètre lancée à plus de 40000 km/h, vous ne seriez restés que des rats nains sous la domination de gigantesques prédateurs habillés d'un type de peau dont vous faites des sacs à main aujourd'hui.

— Incroyable !

— Enfin libérés, vous voilà capables de prospérer sur cette Terre qui va devenir votre royaume, les derniers descendants survivants des dinosaures, les lézards, les crocodiles et surtout, les oiseaux, ne tenteront plus jamais de vous reprendre le pouvoir.

— L'idée d'avoir dans mon arbre généalogique un mulot m'amuse plutôt. Après les bactéries, les algues et les éponges... Nous les mettrons donc dans la galerie des portraits familiaux.

— C'est plutôt un pseudo mulot en fait. Nous sommes assez loin de « Ratatouille ». Surtout qu'à partir de cette grande extinction, les mammifères vont se développer, grandir et évoluer fortement. Le climat change, la végétation s'adapte à ces variations de températures sur des millénaires et donc tes ancêtres en font de même. Dans ta galerie de tableaux de cette époque, tu pourras rajouter nombre de sortes de musaraignes et autres petits primates.

— Ah ! Primates, dis-tu ? Je sens que là, on se rapproche de moi…

— Je suis même passé dans le tube digestif d'un des tout premiers hominidés il y a un peu plus de 7 millions d'années.

— Il ne devait pas encore s'imaginer avec un smartphone ou une tablette…

— Ça, non ! Tu aurais du mal à te reconnaître si tu le croisais dans la rue mais je t'assure pourtant qu'il est ton aïeul direct. Et tu peux en être fier car il est l'un des premiers à s'être mis debout dans la savane. Il voulait voir loin. À cette époque, il y avait une centaine d'espèces d'hominidés.

— Il y avait plusieurs espèces d'humains ?

— D'hominidés ! À mi-chemin entre le singe et l'homme. Imagines-tu l'énergie qu'il faut à la Nature pour développer un tel foisonnement d'opportunités, de pistes avortées, de voies sans issues, d'espérances déçues et de perspectives d'avenir enfin envisageables sur un des fins rameaux de l'évolution pour permettre à la conscience un jour d'apparaître dans un cerveau comme le tien ?

— Je reste sans voix… Je suis un héritier qui a eu une sacrée chance au final. N'est-ce pas que ce fut une fascinante succession d'heureux hasards pour que je sois là en cette chaude journée d'été ? Est-ce possible d'avoir autant de chance tout de même ?

— Je te vois venir… Chance ou pas chance ? Hasard et nécessité ou volonté supérieure d'un grand « Architecte » ? Je ne trancherai pas pour toi. Je ne suis qu'un minuscule atome d'hydrogène qui ne se pose pas cette question. Dieu ou pas Dieu est une interrogation d'humble mortel angoissé par l'immensément grand et l'immensément petit qui l'entourent, ainsi que par le mur sombre et inéluctable de sa propre disparition. Qu'y a-t-il après la mort ? Le néant ou le paradis ? Pourquoi y a-t-il quelque chose plutôt que rien dans cet univers ? Ce sont les questionnements d'un esprit éclairé. L'amibe, l'escargot ou la sardine ne doit pas s'interroger sur ce sujet.

— L'évolution, les mutations et la sexualité sont peut-être les outils de Dieu ? Darwin était un croyant sincère après tout ! Pourquoi juger la création qu'au travers de nos repères humains ? Finalement Dieu a du temps, lui, pour faire les choses.

— Oui, moi, qui suis quasi immortel, j'enfile les millénaires et les milliards d'années comme tu regardes passer les heures et les minutes. En ce qui me concerne, à moins de rencontrer une antiparticule, je n'ai aucune chance de disparaître. Je sais juste que rien ne se perd, rien ne se crée et que tout se transforme. Je ne suis qu'une parcelle de matière sans âme ni conscience…

— Puisque tu n'en sais pas plus que moi sur la vérité ultime de notre Monde, parle-moi de ces premiers hommes.

— Il y a 4 millions d'années, j'ai aperçu, alors que je survolais l'Afrique dans un splendide cumulonimbus, les premiers humains, les Australopithèques. Ils étaient frustes et primitifs mais ils ont occupé la Terre un million d'années avant de disparaître. Leur manque d'intelligence les a empêchés de résister à l'adversité et les Homo Habilis les ont remplacés progressivement.

— Toujours cette compétition sélective.

— L'Homo Habilis est plus malin. Il invente les premiers outils et commence à agir sur son environnement. En quelques centaines de milliers d'années, il sera quand même poussé à la disparition par un homme encore plus subtil : l'Homo Erectus. Lui, apprend à domestiquer le feu. Il te ressemble de plus en plus et il perd ses poils sous la pression de la chaleur et des attaques parasitaires.

— Ce sont donc la chaleur et les parasites qui nous ont rendus glabres et qui nous ont retiré notre beau pelage simiesque ?

— Encore une adaptation pour vous protéger des nuisances thermiques et parasitaires. Ensuite, Erectus va quitter l'Afrique et partir conquérir l'Europe et l'Asie sur des milliers d'années. Il chasse, pêche et cueille pour tenter de vivre 25 à 30 ans en se déplaçant presque tous les jours. Il va lui aussi pourtant se transformer et engendrer de nouvelles espèces d'hommes.

— Ça alors, plusieurs espèces d'hommes en même temps ? Cela paraît fou aujourd'hui à envisager.

— Ça t'étonne car tu es un homme du XXIème siècle où le monde est devenu un village interconnecté. Mais à cette époque, les populations isolées les unes des autres permettaient à des individus mutants d'évoluer et de prospérer s'ils s'avéraient mieux adaptés à leur environnement. C'est ainsi qu'Erectus deviendra Neandertal en Europe et surtout Homo Sapiens en Afrique. C'est lui ton ancêtre direct, apparu il y a 160 000 ans !

— Oooh ! Mon papi !

— Il est brillant, intelligent, drôle, artiste et spirituel.

— Bref tout mon portrait…hi hi hi !

Je tente d'imiter son petit rire aigu avec un piètre succès.

— Presque ! Il manie le langage, les concepts religieux et symboliques et enterre ses morts. Ce sont peut-être eux, d'ailleurs, les « Adam et Ève » symboliques de votre Genèse ? Les premiers à prendre conscience d'une transcendance. Non ?

— Adam et Ève ? Je les imaginais plus tardifs. Je pencherais plutôt pour qu'ils soient les premiers hommes à se revendiquer monothéistes et à n'adorer qu'un seul Dieu. Mais il faut reconnaître que l'on manque de documents d'époque pour trancher sur ce sujet…

— Il nous faudrait la vidéo et des images d'archives. Hi hi ! Mais en tout cas, un vrai sentiment religieux habitait ces Sapiens. D'ailleurs, j'ai passé au moins deux ans dans la tombe d'un de leur chef. Je m'étais retrouvé dans son estomac suite à mon passage dans le cuissot d'une biche dévorée de bon appétit par ce brave homme. Malheureusement, une semaine après, un auroch lui a perforé la poitrine lors d'une chasse. Quelle tristesse pour tout son clan ! Beaucoup de mes collègues ont coulé sur le sol dans les larmes des membres de sa famille et je les ai vus invoquer des Esprits supérieurs.

— Pauvre homme. Il y eut tant de destins ainsi écourtés par des accidents, guerres ou maladies. Beaucoup d'humains n'ont pas vécu leur passage sur Terre comme un pur moment de plaisir je pense.

— Tu n'imagines pas à quel point ! Avec quelques copains hydrogènes, nous avons compté le nombre d'humains qui ont vécu sur la Terre depuis votre arrivée sur cette planète. Sache donc que 80 milliards d'hommes et de femmes t'ont précédé. En revanche, je ne saurais pas te dire combien ont été vraiment heureux. Je pense malgré tout, pour en avoir vu vivre beaucoup, que tu fais partie des privilégiés pour l'instant…

— Oui, je pense avoir eu plutôt de la chance jusqu'à ce jour. Dans une vision très stoïcienne de la vie, je me réjouis d'être né comme je suis, à cette époque, dans ce pays, dans cette famille. De toute façon, comme Bussy-Rabutin, je sais me contenter de ce que j'ai.

— Voilà qui est sage… Même si cela manque un tantinet d'ambition.

— Si, une énorme ambition ! La seule qui vaille. Celle d'être heureux ! Bon, et toi, comment es-tu sorti de ce tombeau ?

— Oh, très simple. La décomposition du corps sous le tumulus de pierres a permis à la pluie de m'entraîner vers les ruisseaux environnants où j'ai été bu par une alouette qui m'expulsa beaucoup plus loin au milieu des herbes.

— Diantre !

— Là, à peine étais-je remonté dans la sève, le long de la tige d'une graminée, qu'un renne en goguette me goba en broutant mon nouveau lieu de villégiature. Ce pauvre ongulé ne profita pas longtemps de son repas dans la verte prairie car il se fit dévorer par un gigantesque lion des cavernes. Lui-même, ne trouva rien de mieux à faire que de me déféquer au pied d'un très beau chêne.

— On ne s'ennuie pas avec toi…

— Quelques jours plus tard, après une belle pluie de printemps, ses racines m'absorbèrent. Là, dans la sève, j'ai grimpé avec mes deux collègues de la molécule d'eau jusqu'aux feuilles de cet arbre majestueux.

— Beau parcours !

— Ce n'est pas fini. C'est là que nous avons été séparés brutalement dans une réaction chimique extraordinaire : la photosynthèse. Sous l'effet du soleil, la feuille se transforme en usine. L'eau venant des racines et le dioxyde de carbone aspiré par les feuilles sont mélangés et se transforment en sucre puis en matière végétale, la cellulose. Alors que je finissais dans la matière ligneuse d'une jolie feuille vert tendre, mon copain oxygène, avec qui j'ai passé deux longues années, a été, lui, largué dans l'atmosphère. Comme je te l'ai dit tout à l'heure, c'est cette usine végétale qui te permet de respirer aujourd'hui.

— Vive les arbres et Dame Nature !

— Malheureusement, l'automne arriva. Ma feuille se mit à jaunir au fur et à mesure que l'intensité lumineuse baissait. Les premiers frimas et la première tempête arrachèrent mon logis végétal. Nous avons virevolté dans le ciel gris jusqu'à ce que je m'écrase dans la boue d'un marais voisin. J'ai traîné là dans le sol. J'ai gelé en plein hiver et j'ai été recouvert de tas d'amis tombés en flocons blancs.

— Pauvre Eugène… Je compatis. Une telle déchéance.

— Enfin le printemps est revenu, puis l'été et le marais s'est asséché. Ma feuille s'était décomposée et les bactéries, qui avaient dévoré l'humus ainsi formé, m'avaient remis dans une molécule d'eau. Et voilà donc que je me suis évaporé de nouveau. Emporté dans un ciel d'azur par un vent chaud estival, j'ai rejoint les nuages pour enchaîner plusieurs tours de la Terre.

— Je t'imagine assis au bord d'un nuage, tes petits pieds d'hydrogène pendants dans l'azur, et survolant le monde…

— Tu n'en es pas loin. Mais ce ne fut pas que cela. Nuage, pluie, écoulement, évaporation, re-nuage, re-pluie, goutte, buée, rosée, givre, verglas, glace, neige, grêle, ruisseau, cascade, rivière, fleuve, rivière souterraine, nappe phréatique, lac, étang, mer, océan, marais, glacier, calotte glacière, iceberg, fine gouttelette de brume ou de brouillard et flaque… Bref, j'ai tout connu pendant des millénaires dans ce cycle de l'eau.

— Tu as dû bien profiter du paysage lors de tes différentes étapes. Veinard !

— Oui, que la Terre est belle ! Une beauté pure… Même si ces derniers temps, j'ai croisé avec inquiétude beaucoup de molécules et d'atomes toxiques dans mes pérégrinations.

— La pollution ? Notre pollution ?

— Oui…croissante ! Exponentielle même ! Enfin, je dis ça pour vous. En ce qui me concerne, les métaux lourds, l'excès de CO2, les gaz toxiques, les nitrates et tout le reste, ça n'est que de la chimie. Mais pour la vie sur Terre, ces changements de concentration même minimes, ça peut être la différence entre la vie et la mort. Vous devriez faire attention… 3% de l'eau seulement sur la Terre est de l'eau douce. Plus des deux tiers de ces 3% sont sous forme de glace. Alors prenez-en garde.

— Nous commençons à en prendre conscience… Mais il nous est si pénible de changer de mode de vie…

— Souhaitons que vous le fassiez à temps. Enfin, c'est pour vous que je dis ça. Moi, personnellement, cela ne m'empêchera pas de vivre, que l'eau soit imbuvable. N'oubliez pas que l'univers et moi avons passé 99,999% de notre vie sans vous les hommes… Ne vous croyez surtout pas indispensables et faites attention à vous. Ce verre d'eau potable pourrait valoir plus que de l'or dans quelques décennies.

— Je sais. Tu as de la chance Eugène. Quelle liberté ! Quel voyage dans l'espace et le temps sans te soucier de ta survie !

— Aucun souci certes, mais non ! Aucune liberté ! Depuis ma naissance, et depuis que je suis sur Terre, je suis ballotté comme un fétu de paille sans aucun pouvoir de décision. Emporté vers le ciel en évaporation par l'énergie solaire ou l'évapotranspiration des végétaux, je peux rester, une fois retombé sous forme liquide, 3 000 ans dans un océan, 8 000 ans dans un glacier, 1 500 ans sous terre, 17 ans dans un lac, 20 jours dans une rivière et puis hop ! Sans rien décider, je repars dans la vapeur pour 7 ou 8 jours dans l'atmosphère et puis je retombe en goutte avec plus de 9 chances sur 10 de choir dans les mers. Donc, non, je ne suis pas libre. Je voyage mais je suis soumis aux lois de la physique, de la chimie, de la thermodynamique, de la physique quantique et des statistiques, sans aucune possibilité de changer l'ordre des choses.

— Ah oui ! Pas drôle effectivement… La liberté est tellement grisante !

— Dans l'infiniment petit, tout mon monde est quantique ! Un monde incompréhensible pour ton petit esprit, même si tu ignores que ton monde à toi aussi est beaucoup plus quantique que tu ne l'imagines. Peut-être d'ailleurs n'es-tu pas aussi libre que tu le crois ? Quel est ton vrai degré de liberté entre le hasard et la nécessité ? Que choisis-tu vraiment entre la pression de tes gènes et des évènements ?

— Je n'en sais rien… Peut-être que notre liberté ne consiste à faire finalement que ce que nous permet la longueur de nos chaînes de servitude. Un de nos écrivains, André Gide, disait : « Le sentiment de liberté provient de l'ignorance des causes qui nous font agir ». Poussés par nos chromosomes, serions-nous préprogrammés ? Moi, il me plaît de croire que j'ai une marge de liberté. Car sans liberté, pas de responsabilité. Sans responsabilité, tout devient permis. Cela revient à signer un blanc-seing à toutes les pulsions humaines les plus viles au nom d'une complète sujétion à notre biochimie et à notre déterminisme social.

— Moi, je ne suis responsable de rien. Mon comportement ne semble soumis qu'au hasard et aux caractéristiques de mon noyau et de mon électron.

— Si l'on remonte à l'origine de la coïncidence, elle devient inévitable, disait un philosophe indien.

— Oui, avec cette manière de voir on pourrait même dire que si Christophe Colomb n'avait rien découvert, Kennedy serait toujours vivant… Hi hi hi !

— Eh bien quoi ? C'est vrai !

— Toujours ce besoin chez vous de chercher un sens aux choses et un grand chef d'orchestre qui les ordonne ! Sacrés humains !

— Toujours cette quête du sacré dans un besoin de comprendre. L'homme est un animal symbolique qui cherche un sens aux choses.

— Je ne comprends pas bien pourquoi vous vous posez autant de questions. Mais je dois reconnaître que ta présence ici, 13,7 milliards d'années après un Big Bang dont on ne comprend pas l'origine, est due à une succession de hasards étonnants. Car tu avais aussi peu de chance de te retrouver ici que de voir se former au sol l'intégrale de l'Iliade et l'Odyssée après avoir lancé en l'air et en vrac toutes les lettres de l'alphabet composant cette œuvre.

— Ah ! Tu comprends donc pourquoi les 80 milliards d'hommes qui m'ont précédé se sont tous plus ou moins posés la question de leur présence ici et du sens que cela prend dans la longue et inexorable marche de l'Univers.

— Je peux comprendre mais ayant un âge beaucoup, beaucoup plus élevé que le tien, il y a des questions que je ne me pose plus… Une sorte d'épuisement face à l'absence de réponse. Une sorte de fatalisme agnostique.

— Alors, revenons à ton histoire. Comment t'es-tu sorti de ton cycle de l'eau ?

— Ah, oui…nous en étions là. C'était le début d'une belle soirée d'été au bord d'une rivière quelque part en Europe du nord. J'étais dans le courant, avec mes nouveaux copains hydrogène et oxygène de ma molécule d'eau. Nous étions roulés dans le flot au milieu de milliards d'autres molécules identiques. Ramenés vers le bord par un tourbillon, tout à coup, ce fut le calme et l'obscurité. J'étais dans un seau. Nous venions d'être ramassés avec quelques litres de nos semblables par une femme Homo Sapiens qui souhaitait fournir l'eau à sa famille qui campait tout près de là. L'Homo Sapiens que vous appelez aussi Cro-Magnon, tout comme l'Homo Erectus avant lui, s'était répandu sur le monde à partir de son berceau africain. Il est arrivé il y a 40 000 ans en Europe et ce sont les pauvres néandertaliens, vos cousins moins développés, descendants aussi de l'Homo Erectus, qui ont dû progressivement disparaître pour laisser la place à votre race conquérante.

— Ce qui est étonnant, c'est de se dire que pendant des dizaines de milliers d'années, il y eut deux races d'hommes sur le continent que nous habitons aujourd'hui.

— Oui, il n'y a que 20 000 ans que Neandertal s'est définitivement éteint. Mais il n'a pas complétement disparu. Tu as une partie de ses gènes dans ton ADN. Certains en ont même un pourcentage plus élevé que d'autres…

J'éclate de rire.

— Oui, j'imagine très bien… J'en ai croisé dans ma vie qui, à mon avis, devaient en avoir un bon pourcentage.

— Ne te moque pas… Tu ne sais pas quelle part de toi est néandertalienne. Tu serais peut-être surpris de la proportion. Vous les hommes, vous vous imaginez toujours plus malins que vous n'êtes et croyez souvent qu'il suffit de penser et surtout de dire que les autres sont moins intelligents que vous pour vous croire placés en position de supériorité. Toujours ce besoin de se rassurer en tentant de dominer les autres… Un vieux complexe d'infériorité, congénital et universel, mal digéré sans doute ?

Je l'entends rire…

— Eh oh ! Ça va Eugène! dis-je, un peu agacé par l'impertinence de ce petit bout de pas grand chose.

— Allez, ne boude pas… Je pourrais faire partie de toi si tu avalais d'un coup ce verre d'eau. Je suis donc bien maladroit car j'ai vraiment envie de me retrouver dans cet iris et je t'asticote bêtement sur tes faiblesses humaines.

En mon for intérieur, l'idée d'avaler cet atome si bavard ne m'inspire pas beaucoup d'enthousiasme. Je l'imagine positionné dans mon organisme à jacasser toute la journée, « Fais pas ci, va voir là et patati et patata... ». Non, ce serait littéralement insupportable. Et moi, à devoir lui répondre et me justifier. Tout le monde me prendrait pour un fou. Je préfère laisser ça à un innocent iris isolé sous un tilleul. Cette perspective me comble d'une feinte mansuétude.

— Allez, je ne t'en veux pas. Tu auras ton iris si tu me racontes la suite de ton histoire.

— Où en étais-je ? Mais tu sais, il va être difficile de te raconter tous mes mouvements, déplacements, transformations et hôtes que j'ai fréquentés pendant ces 30 000 dernières années.

— Nous étions dans ton seau...

— Ah oui... Le seau de la femme Cro-Magnon. Eh bien du seau, je suis passé à une écuelle en bois et de là, j'ai été englouti par un jeune enfant habillé d'une peau d'antilope qui sautillait partout autour du foyer familial. Tous mes copains et moi liés à l'oxygène avons dégringolé dans le tube digestif de ce jeune humain plein de vie. Il y avait une de ces ambiances ! Ça s'est bousculé dans l'estomac. Il faut savoir que dans chaque verre d'eau, il y a 10 millions de milliards de milliards de molécules d'eau H2O et donc le double de mes copains H. Nous sommes donc 100 000 000 000 000 000 000 000 000 000 000 000 000 000 atomes d'hydrogène dans le verre posé à côté de toi. Bref, je ne me sens jamais seul. Tout de suite, il y a une foule très sympathique et pleine d'agitation.

— Oui, une bien belle famille ! Tous nés au même moment. Ces grands nombres sont fascinants…

— Tu n'imagines pas à quel point. Je vais t'épargner les calculs mais je te demande de me croire sur parole. Sache que dans chaque verre d'eau que tu bois, il y a au moins 2 000 molécules d'eau qui ont été bues par César le jour où il a vaincu Vercingétorix à Alésia il y a plus de 2 000 ans et crois-moi sur parole, j'y étais !

— Tu es passé par le corps de César ? Sacré Eugène !

— Oui, entre autres. Je te raconterai si tu veux puisque tu sembles porté sur les « peoples ». Mais cette loi des grands nombres me permet de te dire que dans ce verre d'eau se trouvent plus ou moins des molécules d'eau ayant appartenu à tous les verres d'eau bus depuis les débuts de l'humanité. Et ne dis pas « beurk » ! C'est la Nature.

— Beurk ? Mais non ! C'est incroyable ce partage commun et collectif de cette ressource qui parcourt la Terre et tous ses habitants comme un fluide commun qui nous irrigue.

— Tu sais, il en est de même de l'air que tu respires. Il y a un tel brassage que la répartition homogène des fluides vous rend intime de tous les hommes de la Terre d'aujourd'hui, d'hier et de demain.

— C'est incroyable ! Tant sur le plan physique, statistique que philosophique…

— Ce verre d'eau dans lequel je baigne, comme n'importe quel verre, fait de toi, en buvant une partie des mêmes molécules d'eau qu'ont bues tous tes prédécesseurs sur cette Terre, un intime de toute l'humanité. Ainsi via nos atomes, tu deviens un familier de Ramsès II, Nabuchodonosor, Alexandre le Grand, Périclès, Salomon, Jésus, Néron, Saint Augustin, le Calife de Cordoue, Philippe Auguste, Gengis Khan, les empereurs de Chine, Léonard de Vinci, Napoléon, Custer et Sitting Bull qui pourtant n'ont jamais trinqué ensemble, Napoléon, Victor Hugo, et tous les anonymes qui ont parcouru ce globe.

— Je ne regarderai plus mes verres d'eau de la même manière dorénavant.

— Tu peux ! Car de ce petit homme de Cro-Magnon, jusqu'aux plus grands empereurs de tous les temps, tous ont trempé leurs lèvres dans ces mêmes molécules. Et tes arrière-arrière-arrière-petits-enfants boiront avec délice une part d'eau que tu auras bue toi-même… Et respireront une part d'air qui sera passé par tes poumons.

— Oui, c'est vraiment fascinant. Mais toi, raconte-moi par quel personnage tu es passé au milieu de tes cycles de l'eau et comment tu es arrivé là.

— Ah oui…ta fameuse revue « people » !

— Oui, la fameuse ! Beaucoup de journalistes de nos tabloïds payeraient cher les images de tes visites chez les « stars » actuelles et passées de ce monde.

— Pour moi, tous les individus et les êtres vivants se valent. Je n'ai pas cette échelle de valeur qui vous fait tant vibrer, vous les hommes. J'ai traversé ce que vous appelez des grands hommes, des individus insignifiants et de multiples animaux ou végétaux. Des pins, des chênes, un pommier, un figuier de barbarie, des lichens, des champignons, des cloportes, des scorpions, des escargots, un lion, des éléphants, des mouettes, une baleine, des dauphins, une amibe, un streptocoque doré et tant d'autres…

— Mais pas de jolies fleurs ? dis-je en souriant, un peu ironique.

— Effectivement, pas de belle corolle ou de frais bourgeon. Enfin, pas encore. Mais je compte sur toi…

— Tu le peux. Tu as eu ma parole. Mais parle-moi des hommes que tu as connus dans l'Histoire. Ce ne sont pas des « peoples » dont je suis friand mais des personnages qui de leurs empreintes, ont marqué l'humanité ou leur société.

— Je n'ai pas connu que des humains influents ou de pouvoir. Des hommes, j'en ai connu des humbles et des arrogants. Certains, qui se croyaient maîtres du monde, m'ont bu avec délectation avec leur vin, jus de fruit ou simple coupe d'eau. D'autres, déshydratés, m'ont dégusté avec un sentiment d'urgence. Et beaucoup, inconscients de la chance qu'ils avaient de pouvoir boire à leur soif une eau potable, m'ont bu avec dédain et une totale indifférence. À mes yeux, au final, ils n'étaient qu'un tube digestif. Un œsophage, un estomac, un intestin d'où je passais dans leur organisme. Puis un flot sanguin et un enchevêtrement d'artères et de veines me menaient jusqu'à des organes qui avaient besoin de moi. Un parcours au rythme pulsé de leur cœur.

— L'esprit ouvert à la beauté intérieure…

— Oui, mais je ressortais toujours un jour. Je m'évadais, soit par leur souffle ou leur transpiration, soit par leurs fèces ou le plus souvent, après un bref passage dans un rein et une vessie, je me retrouvais au grand air dans leur urine. Alors vus comme cela, moi, les grands hommes, ils ont du mal à m'épater tu sais.

Je ne peux m'empêcher de sourire à cette vision très relativiste de notre système de valeurs. Certainement qu'il était plus sensible à l'esthétique ou au confort d'un estomac, d'un urètre, d'une vessie ou d'une glande sudoripare qu'aux capacités intellectuelles, politiques, créatives et charismatiques de son hôte. « T'as de beaux reins, tu sais » dirait un Jean Gabinhydrogène.

— Alors, ces 30 000 dernières années, qu'as-tu fait ? Raconte-moi avant que la chaleur ou le vent ne t'évapore et ne t'emporte dans le ciel bleu azur d'Occitanie.

— Tu as raison ! Il y a urgence. Je sens bien que la chaleur du soleil nous transmet son énergie. Du coup, nos atomes et liaisons s'agitent en nous éloignant les uns des autres et ce n'est pas bon signe. L'état gazeux n'est plus très loin pour nous qui sommes à la surface de l'eau dans ce verre.

— Ça, tu l'as dit… Il fait vraiment très chaud et je vais finir par te boire tellement j'ai soif, lui dis-je pour l'inciter à accélérer. Et cela semble faire son effet.

— Oui, oui, oui…c'est bon, j'accélère mon récit ! Nous en étions à l'estomac de ce jeune enfant. Après le classique parcours intérieur, j'ai été renvoyé au monde extérieur par une glande sudoripare de ses aisselles, alors qu'il transpirait sous le soleil en poursuivant un de ses frères qui lui avait chipé sa flûte en os d'élan. Du coup, de nouveau je me suis évaporé. Emporté par les vents, j'ai, par petits bonds successifs au sein de Dame Nature, atteint l'extrémité de la Sibérie. Là, j'ai eu la chance, il y a 15 000 ans, d'être avalé en même temps qu'un cuissot de renne par le chef d'une peuplade qui entamait la traversée du détroit de Béring encore gelé en cette époque glaciaire.

— Et c'est ainsi que tu t'es retrouvé en Amérique. On ne les appelait pas encore les « States ».

— Non, c'étaient les premiers hommes qui foulaient ces terres sauvages et froides. J'ai passé un certain temps dans un des muscles de cet homme avant qu'il ne m'élimine dans ses urines contre une roche recouverte de lichens. De nouveau, j'eus une vie qui alterna pendant des siècles entre végétaux, évaporation, animaux et décomposition.

— La routine, quoi ! dis-je en souriant.

— Oui, cette vie dans une Terre quasiment vierge d'homme fut monotone jusqu'à ce que je m'évapore d'une flaque de pluie près d'un lieu que vous appelez aujourd'hui Manhattan.

— Ah ! Tu vois que sans nous tu t'ennuies !

Je m'amuse de ce semblant de complicité improbable entre lui et moi.

— Hi hi hi ! Ça n'est pas faux… Puis, de cette flaque, je fus soulevé dans l'atmosphère, regroupé avec mes amis dans de splendides cumulonimbus emportés vers l'océan Atlantique. Poussés par le vent et la convection due à une forte chaleur estivale, l'orage se mit à gronder. Dans mon nuage haut et noir, l'énergie devenait terrible. Nous nous regroupions en gouttes. Cette gigantesque usine cotonneuse et grondante emplie d'une force incommensurable nous agitait en tous sens. Cela provoquait des frottements qui généraient de l'électricité. À force d'allers-retours de plus en plus hauts dans l'atmosphère à faire le yoyo, poussé vers le haut glacial du cumulonimbus par l'énergie de convection transmise par le soleil et attiré vers le bas par la gravité, je commençais à me couvrir de glace et à voir ma goutte devenir grêlon. Un grêlon qui, à chaque aller-retour, se recouvrait d'une nouvelle couche de glace et grossissait. La foudre frappait autour de moi. Le tonnerre était assourdissant. Puis tout à coup, mon poids fut tel que la gravité l'emporta sur la force de convection et ce fut la chute libre…

— Mazette ! Je m'y vois dans ton nuage ! Cela devait être impressionnant.

— Oh que oui ! Cet orage fut grandiose. Mon grêlon avait la taille d'une orange. La descente en piqué au milieu d'autres grêlons fut vertigineuse. Je me demandais où mon destin allait me mener cette fois-ci.

— Quel suspens ! Alors ?

— Ce fut un gros plouf ! Un plouf dans un océan en furie. Nous flottions en surface de l'Atlantique tempétueux entre écume et glaçon. Mais ma chance fut de choir ainsi du ciel en plein Gulf Stream ! Car oui, je reconnus tout de suite ce courant chaud qui remontant de la mer des Antilles, entre Floride et Bahamas, m'emportait maintenant vers les côtes européennes.

— Tu revenais enfin vers nous…et un monde plus peuplé et donc plus rigolo pour le curieux petit atome d'hydrogène que tu es…

— Tout à fait ! Je revenais vers un monde qui ayant été colonisé par l'homme plusieurs milliers d'années auparavant, se trouvait être plus dense et plus civilisé.

— En fait, tu t'attaches vraiment à nous ! dis-je en riant.

— C'est que c'est long cette forme d'éternité parfois. Alors vous observer m'amuse. Et vous ne m'avez jamais déçu. Quelles capacités de développement vous avez ! Vous êtes le fruit d'une évolution constante depuis vos premiers ancêtres : virus, bactéries et amibes. Vous êtes des animaux incroyables, des mammifères fascinants.

— Arrête, je vais rougir. Autant de compliments… C'est trop !

— Avec vos 100 milliards de neurones, vous faites des choses incroyables. Te rends-tu compte que vous avez plus de neurones interconnectés dans votre boite crânienne qu'il n'y a d'étoiles dans notre galaxie ?

— Et pourtant parfois, je nous sens si stupides et limités !

— Parle pour toi ! Hi hi hi ! Car dans la durée, tu te trompes. Vous vous adaptez rudement bien. Il vous faut juste du temps. Vous êtes lents à comprendre ce qui vous arrive. Très lents parfois… Mais quand vous avez compris, alors là, collectivement vous devenez redoutables. J'espère juste pour vous que vous ne comprendrez jamais… trop tard !

— Nous pouvons quand même le craindre parfois… Ne nous surestimes-tu pas un peu de temps en temps ?

— Oh que non. Je vous fréquente depuis bien assez longtemps. Tiens, voici un exemple : quand je suis arrivé sur les côtes de ce qui allait devenir la France, vous entriez en plein néolithique. Par le biais des vents et du déplacement de certaines tribus, j'ai parcouru tout le continent eurasien. Et il y a 10 000 ans, vous étiez en pleine révolution…

— Une révolution ? Nous ?

— Oui, une évolution majeure, qui ne demandait qu'à se répandre, apparaissait au Proche-Orient ainsi qu'en Inde et en Chine : l'invention de l'agriculture et de la domestication dont la conséquence fut la sédentarisation.

— Finie notre vie de nomade chasseur et cueilleur.

— Un changement radical de vos modes de vie et de votre philosophie. Ce fut donc la création de villages, puis de villes. À partir de cet instant, votre destin ne sera plus déterminé principalement par l'évolution biologique, mais par les idées et la culture.

— Et qui dit agriculture, dit terres, outils, bâtiments, cheptels et cela signifie donc : propriétés.

— Aaaah…la propriété, la possession ! Le pouvoir et la richesse qu'elle confère… Quelle ivresse pour bon nombre d'entre vous, pour ne pas dire vous tous ! La guerre est d'ailleurs apparue avec elle. Jusqu'à présent, vous n'étiez que des peuplades errantes très dispersées les unes des autres dans vos pérégrinations. Et voici que les clans, les tribus peuvent se battre maintenant pour une bonne terre ou un beau troupeau.

— C'est là que nos ennuis ont commencé, crois-tu ?

— C'est là que votre mode de pensée actuel puise sa source. Ça n'est ni bien ni mal. C'est ainsi car la nature humaine est ainsi. C'était inéluctable. Vos sociétés se sont rapidement structurées : avec des chefs, des grands prêtres servant la divinité de la communauté, des guerriers pour défendre le territoire ou attaquer celui du voisin et des agriculteurs pour nourrir tous les autres. Vos premières grandes civilisations s'installent le long des grands fleuves : le Nil, l'Indus, le fleuve Jaune, etc. C'est au bord du Nil et entre le Tigre et l'Euphrate qu'apparaissent les premiers états. Il y a 6 000 ans, l'empire des rois scorpions en Égypte et l'empire sumérien en Mésopotamie sont les premiers à développer l'écriture et une véritable administration.

— C'est là que s'est achevée la Préhistoire et qu'a commencé l'Histoire. Avec l'écriture.

— Effectivement ! Ils étaient les premiers états-cités et je ne te cache pas que la première fois qu'un oiseau migrateur se soulagea en me larguant au-dessus des temples de Louxor, j'ai compris que les grands singes que vous étiez avaient un talent particulier qui vous mènerait loin.

— Ah ? Tu t'es écrasé sur les temples de Louxor dans une fiente d'oiseau ? Voilà qui est bien prosaïque. Enfin, pour ce que j'en dis… Je ne suis qu'un grand singe ! tenté-je d'ironiser.

— Les trajectoires de la matière, de la biologie et de la physiologie sont prosaïques.

— Nous ne sommes peut-être pas que matière, justement. Il y a nos idées, nos concepts et nos croyances qui arrivent à nous élever au-dessus de la matière.

— Pfff ! Mais non ! Le poids de la matière est inéluctable dans ce monde. Ses règles intangibles s'appliquent inexorablement. Nous n'avons jamais vu la gravité ne pas s'appliquer pour empêcher un homme de tomber lorsqu'il manque une marche dans un escalier, n'est-ce pas ? Tu y es soumis toi aussi, Thierry…si si !

— Mais Eugène, il doit y avoir autre chose qui donne un sens à ce monde où la vie et la mort, le bien et le mal sont apparus. Pourquoi, comme le disait Leibnitz, y a-t-il quelque chose plutôt que rien ? Le monde n'est-il que matière ? Ne sommes-nous vraiment pas habités d'un esprit et d'une âme ?

— Je te l'ai déjà dit, s'il y a un monde des esprits où se cache Dieu et où vous avez peut-être votre place, je n'y ai pas accès. Je ne suis que matière. Sans âme et sans esprit !

Je désespère de trouver des réponses avec cet énergumène infinitésimalement petit… Lui, il se laisse porter sans se laisser déstabiliser par son manque de savoir… C'est peut-être ça la sagesse. Ne plus se poser les questions que l'on sait sans réponses. Savoir garder l'innocence et la candeur de l'ignorance dans une sorte de fatalisme intellectuel.

— Donc, te disais-je, sans esprit et mû par une gravité non négociable, je me suis écrasé au pied de l'un des obélisques. Rentré dans le sol, j'ai été emporté et entraîné dans la sève d'un palmier pour parvenir au cœur d'une juteuse datte sucrée comme du miel. Quelques mois plus tard, j'ai été dévoré avec gourmandise par le jeune

Mérenptah, treizième fils de Ramsès II et qui allait lui succéder bien des années plus tard comme quatrième Pharaon de la XIX dynastie, il y a 3 200 ans environ.

— Ah...voici du « people » ! De la star historique ! Alors, raconte !

— Peu de choses à te dire… Je n'ai fait que le traverser car j'ai fini rapidement ma course dans ses excréments qui ont terminé dans le Nil en direction de la Méditerranée. Là, j'ai remonté la chaîne alimentaire en quelques siècles. J'eus la chance de finir dans un très beau thon rouge qu'un pêcheur offrit à la reine Didon au moment où avec ses phéniciens, elle fondait la ville de Carthage dans la Tunisie actuelle, il y a 2 800 ans.

— Ne me raconte pas comment tu es sorti de cette reine car je crains de finir écœuré et incapable dorénavant de boire un verre d'eau !

— Hi hi hi !

— Ne ris pas ! Il va vraiment devenir difficile pour moi de déguster un verre d'eau fraîche sans arrière-pensées avec ces je ne sais plus combien d'atomes d'hydrogène qui ont eu une vie aussi trépidante que la tienne dans le tube digestif des milliards d'hommes qui m'ont précédé.

Il éclate encore de rire. Décidément, il est vraiment joyeux cet Eugène !

— Je te l'ai dit. La matière, la physique et la biologie sont dénuées de toute poésie.

— Alors, sans rentrer dans les détails, Eugène, parle-moi des évènements marquants de ton parcours. Mais en m'épargnant les détails scatologiques, urinaires, sudoripares ou lacrymaux de tes aventures.

— Hi hi hi ! Ils sont bien délicats ces grands singes. Tu n'es qu'un mammifère mais tu aimes tenter de l'oublier. Tu voudrais ne pas te rappeler de ton côté putrescible. Tu aimerais occulter le traitement physiologique de tes déchets métaboliques ou l'évacuation de tes déjections. Et oui, vous êtes délicats car vous tentez d'oublier votre simple condition animale, forcément un peu sale à vos yeux.

— C'est justement ce désir d'élégance et notre volonté de nous élever au-dessus de notre condition de mammifères mortels qui caractérise notre grandeur, peut-être pathétique et futile à tes yeux.

— Ah, cette fameuse part de divin dont vous vous croyez investis…

— Il y a certainement un peu de cela. Une sorte de sentiment de supériorité ou une intuition déiste qui nous incite à croire que nous sommes tout aussi fortement des esprits et des intelligences que des êtres instinctifs nourris par un tube digestif.

— Prétentieux ! Alors je vais épargner votre grandeur. Hi hi hi ! Quel gentil Eugène je suis, tout de même !

— Gentil c'est sûr, mais un tantinet trop espiègle ! Alors, nous en étions à Carthage...

— Sorti de Carthage, et t'épargnant, comme convenu avec votre délicate grandeur, le cycle de l'eau dans lequel je me suis de nouveau retrouvé, ainsi que les quelques hôtes anonymes ou animaliers qui m'ont accueilli, j'ai fini par être bu alors que je me trouvais dans le thé de Qin Shi Huang il y a 2 200 ans. Belle balade sur le globe !

— Qui est-ce ?

— C'est un empereur. Il est considéré comme le premier grand empereur de Chine après avoir unifié ce pays. Il fonda la dynastie des Qin. Il standardisa l'écriture, la langue, la monnaie, les poids et les mesures de son empire. Pourtant, même si son œuvre posa les bases de la période impériale chinoise, les chinois ont surtout gardé le souvenir du caractère cruel et autoritaire de son règne. Sa dynastie lui survécut moins de trois ans, à la suite de quoi le pays replongea dans une guerre civile que seul le fondateur de la dynastie Han parvint finalement à éteindre.

— L'Histoire est tragique et elle n'est faite que de ces revirements pleins de violences.

— Certes et dans ce cadre mouvant, il avait anticipé les invasions mongoles et il est vu comme le père de la Grande Muraille de Chine. C'est d'ailleurs au pied de ce gigantesque rempart qu'il m'urina. Oups ! Pardon… On avait dit plus de ça ! Hi hi hi !

— Sacré Eugène ! Incorrigible ! Je ne connais pas bien les empereurs chinois.

— Si, celui-là, tu le connais. Du moins, tu connais bien son mausolée monumental à Xi'an avec ses milliers de soldats en terre cuite qui vous fascine toujours autant vingt-deux siècles après.

— Ah oui ! Je l'ai vu à la télé ! Quelle mégalomanie ! Et ensuite ? Sur ta muraille de Chine, que s'est-il passé ?

— Je me suis évaporé et je suis reparti dans un long cycle qui m'a fait traverser le Japon, l'océan Pacifique, la côte ouest de l'Amérique, l'estomac d'un indien peau-rouge des Rocheuses qui m'a pleuré, seul dans une clairière, après la perte d'un être cher. Puis, j'ai eu le droit à la visite du long tronc ligneux d'un séquoia, la musculature d'un cerf, la panse d'un loup et de nouveau l'Atlantique. Ce n'est donc que plusieurs siècles après que j'ai réussi à revenir dans le bassin méditerranéen à l'époque de César comme je te l'ai dit tout à l'heure.

— Ah oui ! César. Caius Iulius Caesar ! Raconte !

— Tu vas être déçu, tout comme je le suis. Ce passage fut très bref. Rapidement, je fus emporté dans un nouveau tour de la Terre au milieu des mornes étendues océaniques. Le destin, les mouvements climatiques des masses d'air et les courants maritimes ne me ramenèrent en Europe qu'à la fin de l'empire romain.

— Ah, mince ! dis-je contrit par cette nouvelle.

— Pfff ! J'étais triste… Mes copains moins mobiles m'expliquèrent tout. J'avais raté Babylone, l'empire Perse, la saga d'Alexandre le Grand, la période grecque avec ses philosophes et ses premiers scientifiques, les débuts de Rome et hormis mon passage dans le verre de César à Alésia, je n'avais rien vu de l'Empire. J'avais même raté la venue de Jésus et les débuts du christianisme. Bref ! Le bassin méditerranéen avait été pendant ces derniers siècles « the place to be » et, en dehors de mon « touch and go » dans la coupe de Caius Iulius, j'avais loupé les débuts de votre civilisation. J'étais terriblement déçu !

— Ah… Alors aucune anecdote sur tous ces personnages mythiques que sont Nabuchodonosor, Cyrus, Priam, Périclès, Socrate et Platon, Hannibal, Pompée, Sénèque et son élève Néron, Pline l'Ancien, Marc-Antoine, Auguste, Cléopâtre, Messaline, Tibère, Jésus et ses apôtres, Titus et Bérénice, Constantin, Théodose et la décadence d'un empire romain incapable de défendre ses frontières ? Oooh… Mon pauvre petit Eugène. Ça n'est pas de veine ! Mais console-toi en te disant que tu as des amis hydrogènes qui ne sont jamais sortis du trou noir qui les retient depuis des milliards d'années au fin fond de l'Univers.

Un silence se fait. Je sens bien qu'il médite sur son humble condition de petit atome.

— Oui, c'est vrai… Tu as raison Thierry. Il y a pire comme destin d'atome d'hydrogène. Et puis j'ai maintenant un nouveau compagnon. Mon nouvel électron que j'ai échangé lors d'une liaison de covalence avec un atome de carbone rencontré dans une molécule de méthane.

— Tiens donc ? Et… ?

— Et lui, il a connu l'empereur Vespasien alors qu'il faisait partie d'un atome de carbone inclus dans une protéine de son épiderme.

— Ah ! Tu as changé d'électron ? Décidément, la matière est bien complexe.

— Tu n'imagines pas à quel point ! Je te l'ai dit. La matière composée de particules quantiques se révèle bien étrange pour un esprit humain régi par les références de la physique classique. Une des premières leçons qu'enseigne la physique quantique est que la matière, comme vous la concevez habituellement, n'existe pas !

— Allons donc. Voilà autre chose ! Tu ne te reposes jamais en fait, dis-je en souriant.

— En effet, l'aspect physique que vous percevez classiquement de la matière n'est en fait qu'une gigantesque concentration d'énergie. Chaque particule de l'Univers n'est que de la force concentrée. Ensuite, les particules vont s'associer entre elles pour former les atomes qui vont s'associer en molécules qui sont à l'origine de la matière visible. Ainsi, la matière n'est faite que d'énergie. Regarde-moi.

— Pfff ! Te regarder ? J'aimerais bien ! Nos pauvres yeux nous rendent vos apparences individuelles totalement inaccessibles. Si cela se trouve, tu es hideux pour un atome d'hydrogène. Pas joli pour deux sous…

— Alors crois-moi sur parole : nous sommes tous identiques ! Pas d'ego chez les « hydros » ! Mes quarks, mon électron, tout mon être n'est que de l'énergie organisée. Je ne suis, toute la matière n'est et donc tu n'es que de l'énergie condensée et structurée !

— Voilà qui est fichtrement dépaysant !

— Pour toi, humain, c'est sûr… De l'énergie concentrée et pleine de vide qui plus est ! Je suis rempli d'espace inoccupé. Dans mon petit corps d'atome, il y a mille milliards de fois plus de vide que de matière. Te rends-tu compte ?

— Tu es bien bavard pour une grande baudruche pleine de vide, je trouve.

— Mais ne fanfaronne pas ! Toi aussi tu n'es que du vide puisque les atomes qui te composent sont aussi creux que moi. Tout l'Univers est donc formé d'innombrables particules séparées par d'immenses espaces de néant. Cela démontre qu'en réalité, la matière et tout ce que tu vois ne sont faits que de vide !

— Cette table, ma chaise, ma peau, mon crâne ?

— Oui, tout vide ! Sais-tu que si l'on supprimait le vide entre tous les atomes de tous les êtres humains vivant sur Terre, l'humanité entière tiendrait dans un cube de la taille d'un morceau de sucre ? Alors, c'est qui la baudruche, hein ? Hi hi hi…

— Ça alors !

Cela me laisse sans voix. Je pense à cette humanité en morceaux de sucre…

Il m'arrache à mes rêveries en me questionnant.

— Mais, si tout est vide, qu'est-ce qui donne à cette table et à ta chaise cet aspect de solidité, vas-tu me dire ? Et pourquoi tout ne s'effondre pas et que ton corps ne passe pas au travers de ta chaise, vas-tu t'inquiéter soudainement ?

— J'ai eu quelques cours à la fac tout de même…

— Oh oh ! Tu m'en diras tant !

— Ce sont les quatre grandes forces de liaisons qui lient les particules entre elles et que l'on retrouve aussi entre les planètes du système solaire et entre les galaxies. La force nucléaire forte qui lie tes quarks dans ton noyau protonique. La force électromagnétique qui lie ton électron à ton noyau. La force gravitationnelle, la plus faible, mais qui agit très loin. Découverte par Newton, elle rend attractive toutes les masses entre elles et pour finir, la force nucléaire faible.

— Oui, c'est cela. Bravo ! Tu as bien travaillé à l'école ! Je dois reconnaître que cela nous amuse de voir les hommes, et en particulier vos physiciens comme vous les appelez, avancer à tâtons pour découvrir notre intimité.

— Tu es trop aimable. Ta condescendance va finir par me froisser, Eugène…

— Hi hi hi ! Votre quête pour trouver la théorie d'unification de ces quatre forces n'est pas prête d'aboutir. Il vous faudrait remonter aux origines de l'univers quand la température était extrême… Mais j'admire le travail.

— Ne nous sous-estime pas trop quand même cette fois-ci… Regarde le chemin déjà parcouru dans notre quête.

— Vous ne pourrez jamais toucher à l'intimité absolue de la matière. C'est trop infiniment petit, donc trop abstrait pour vous. La physique quantique, en allant encore plus loin dans l'abstraction, explique pourquoi les mathématiques sont devenues votre langage unique et obligé de la physique. Cette langue vous permet de masquer votre incapacité à voir la réalité. Aussi loin que vous irez, vos calculs donneront au mieux l'explication des comportements et des phénomènes mais ne diront jamais rien de l'essence des choses, du merveilleux ou du magique.

— Ça n'est pas faux, certes… Mais Galilée affirmait bien que « la mathématique est l'alphabet dans lequel Dieu a écrit l'univers » et il rajoutait que « le livre de la nature est écrit en langage mathématique ». Le philosophe physicien Bertrand Russel, parlant de la beauté austère des mathématiques, n'a fait que confirmer Platon et Aristote qui voyaient un ordre mystérieux dans les équations et théorèmes qui régissent les lois de notre univers. Cet ordre semble exprimer une sorte de sens et une esthétique qui nous dépasse. Et souvent je m'émerveille, comme Einstein qui disait : « Ce qui est incompréhensible, c'est que le monde soit compréhensible. »

— Là, cette fois-ci, vous risquez de toucher aux limites de vos capacités. Regarde votre dernière lubie. Cette tentative de bâtir une théorie du tout qui fusionnerait la théorie de la relativité générale et de la mécanique quantique dont tu parlais tout à l'heure. Je suis attendri et plein de compassion de vous voir développer cette fameuse théorie des cordes. Il existerait, selon certains de vos éminents spécialistes, de minuscules cordes énergétiques de 10 puissance -35 mètre de long, à une seule dimension et vibrantes dans un espace-temps à 10 dimensions et qui, selon leur type de vibration, deviendraient des quarks, des électrons ou des bosons… J'en rigole ! Hi hi hi ! Même moi qui suis à une échelle beaucoup plus proche de ces dimensions inaccessibles à vos laboratoires, je ne les vois pas ! Alors à imaginer… Là, c'est impossible !

— Ne te moque pas Eugène ! C'est peut-être bien là, la supériorité de notre esprit humain et des mathématiques sur l'observation pure ! L'esprit de concept et l'imagination qui échappent à un petit atome d'hydrogène, semble-t-il, et qui nous permet de prédire la réalité avant de la voir.

— Comme la théorie des multivers ? Cette théorie qui tente de prouver qu'il y a simultanément, comme des bulles de savon, le développement d'une infinité d'univers, dont le nôtre. Certes, elle permet à vos athées de tenter d'expliquer ce monde dans lequel tu vis et qui avait moins de chance d'exister que de te voir gagner le gros lot au loto toutes les semaines pendant cent ans. Mais ne vous voilà pas plus avancés. Car allez donc vérifier cette hypothèse ! Hi hi hi !

— Effectivement. C'est pour cela que j'ai du mal à écarter une hypothèse, fut-elle divine, sous prétexte d'une hypothèse toute aussi incroyable et invérifiable. Alors, il faut se faire une raison… Nous tentons de percer l'inaccessible.

— Vous n'avez pas fini d'être frustrés à mon avis !

— Un mathématicien anglais Roger Penrose d'Oxford s'est amusé à calculer la probabilité que l'Univers soit né par hasard.

— Et alors ? Cela donne quoi, ce grand jeu de hasard ?

— 1 divisé par 1 suivi de mille zéros pourcent de chance ! C'est effroyablement petit… Alors, il y a un moment où les mathématiques et la raison atteignent leurs limites. Il faut se faire une raison : elles n'apporteront jamais la preuve par l'expérience. Ces mystères insondables nous dépassent.

— Si les multivers existent, dis-toi, Thierry, que tu as la chance de vivre dans le seul et unique univers qui a toutes les conditions réunies pour que le cosmos existe, que la vie s'y développe, que la conscience y apparaisse et pour que tu y sois, là, aujourd'hui, à profiter de cette chaude journée d'été.

— Tu vois, nous en revenons toujours à la chance et au hasard. Et si Einstein disait vrai quand il exprimait sa conviction : « Le hasard, c'est Dieu qui se promène incognito » ?

— C'est Dieu…ou une loi physique encore inconnue de vous qui se promène incognito… Le hasard est certainement, en tout cas, le nom que l'on peut donner à votre ignorance.

— Dis-moi, tout petit malin minuscule, es-tu moins ignorant que nous ?

— Sans vouloir rouler des mécaniques, moi qui vis dans un monde quantique, je sais que pour ordonnancer l'énergie et la transformer en matière, il a fallu la présence d'une information.

— Sinon l'énergie serait restée sans forme ?

— Il est certain que sans un « guide constructeur », l'énergie n'aurait pas produit la matière, inanimée d'abord, puis animée, et enfin consciente, comme toi, au point de s'amuser à faire des calculs pour comprendre pourquoi elle est là.

— De l'information qui conduit et structure l'énergie afin de la transformer en matière ? Ça alors…

— Oui, il y a une sorte d'ADN cosmique, c'est-à-dire la présence d'une information cosmique qui ordonne la marche générale de l'Univers depuis le Big Bang. Sinon, l'Univers ne serait qu'un bain d'énergie non structuré !

— Reconnais-tu alors qu'un esprit ou une volonté supérieure guiderait peut-être tout cela ?

— Je t'ai déjà dit que je n'en savais rien. Mais je sais que l'information est donc un élément essentiel à l'apparition et au fonctionnement de l'univers. Celle-ci est portée par une énergie, comme des ondes radio. Toi qui es allé à l'école et qui donc penses être un singe savant, tu dois savoir que 95% de l'univers sont indétectables à vos outils de mesure, ce qui fait beaucoup !

— Oui, je l'avais lu dans une revue scientifique. 95% de la masse de l'Univers qui nous est invisible. Cela paraît tellement étonnant !

— Cette grande partie « manquante », vous la nommez « matière noire » et « énergie noire ». Et personne chez vous jusqu'ici n'a pu l'appréhender.

— Houuu ! Ton ironie m'agace ! Je sais que nous n'avons accès qu'à 5% de l'univers. Il est incroyable de se dire que 95% de la masse de notre environnement nous échappent et que nous n'en savons rien mais bon, tu n'en sais rien non plus, petit malin !

— Regarde autour de toi. La Terre et son étoile avec tout son système solaire. Regarde plus loin maintenant. Ta galaxie et ses 100 milliards d'étoiles et leurs planètes qui scintillent la nuit dans la voie lactée. Poursuivons et imagine les 200 milliards de galaxies identiques à la nôtre flottant dans l'univers avec tout autant de systèmes stellaires. Tu y es ?

— Oui… Où veux-tu en venir ?

— Cela fait donc 20 000 milliards de milliards d'étoiles entourées de planètes qui forment tout l'Univers observable. Cela fait à peu près, pour prendre une image qui te parle, l'équivalent du nombre de grains de sable qu'il y a sur cette Terre… Plages, fonds des océans et déserts compris.

— Oui, c'est gigantesque !

— Eh bien tout cela ne représente que 5% de toute la masse de l'Univers !

— C'est inimaginable. Mais j'ai entendu parler de l'hypothèse de la matière noire et de l'énergie noire. Cette dernière se trouverait partout dans l'Univers et même à l'intérieur de la matière. Cette matière ou énergie noire serait omniprésente, à l'image de l'éther décrit par les anciens. Une sorte d'énergie du vide qui baignerait l'Univers dans un océan d'ondes. Elle remplirait tous les espaces entre les particules, entre les planètes et entre les galaxies. Il s'agirait d'énergie incohérente, dis-je avec une pointe de doute sur ma compréhension du sujet.

— C'est cela. La matière quant à elle, serait de l'énergie cohérente, flottant dans un océan d'énergie incohérente.

— La cohérence et la structuration ayant été fournies à l'énergie par l'information pour former la matière. Mais d'où vient cette information...ça, mystère ! En science, nous ne faisons qu'avancer en faisant reculer l'horizon qui s'éloigne toujours au fur et à mesure que nous progressons. La science remplace un doute par une conviction. La philosophie fait l'inverse. Finalement, je dois être plus philosophe que scientifique, car comme Socrate, je sais que je ne sais rien.

— C'est une grande ambition que de tenter percer les secrets insondables du Monde... Tu es lucide sur ton ignorance. C'est déjà bien. Tant de gens pensent que le peu de connaissances que vous avez sur la Nature sont des réponses à leurs interrogations métaphysiques. C'est ridicule, présomptueux et un peu stupide. C'est vrai que, depuis que vous avez les mathématiques, vous vous croyez habilités à penser que vos hypothèses extraites de vos équations deviennent réalités. Vous êtes avec la virtualité de vos formules comme des enfants devant un jeu vidéo. Vous confondez la réalité et la représentation mathématique hypothétique de cette réalité. Vous manquez d'humilité ! Vraiment !

— Toi, si je te jette dans les égouts, tu ne viendras pas te plaindre !

— Allez, ne nous fâchons pas ! Nous avons chacun nos qualités. Moi, je suis une boule d'énergie à la fois particule et à la fois onde ce qui me permet d'être là et ailleurs, et toi, tu as les mathématiques et les sciences pour tenter de comprendre l'incompréhensible et concevoir l'inconcevable à mon sujet. Nous sommes complémentaires.

Il éclate encore de ce petit rire strident qui m'agace.

— Alors revenons à ton existence jusqu'à ce jour. Raconte-moi ton retour en Europe…

— Oui, tu as raison, parlons de ce qui ne fâche pas. J'ai donc erré quelques années, de rivières en nuages. C'est ainsi que je suis arrivé dans un puits qui permit au roi des Wisigoths, Alaric Ier, de se réhydrater et de trinquer à sa future victoire sur Rome. Nous étions en 410 de l'ère chrétienne. Le sac de la ville impériale dura trois jours. Pauvre ville ! Pillée et partiellement détruite, toutes ses archives en brûlant arrachèrent à vos historiens la mémoire d'une cité qui avait connu douze siècles de magnificence.

— Quel gâchis ! Que de pans de vie et de destins à jamais effacés de la mémoire des Hommes !

— Mes amis qui l'avaient connue à l'époque de sa splendeur me disaient que je ne pouvais me rendre compte de sa puissance passée. Quelle tristesse ! Malheureusement vous êtes coutumiers du fait. Vous ne pouvez pas exister sans détruire ce qu'il y avait avant vous. Une sorte de suffisance ridicule qui vous fait croire que le monde commence avec votre génération. Babylone, Troie, Carthage, Athènes, Jérusalem, Rome, Constantinople et tant d'autres ont subi la bêtise humaine. Vous n'êtes pas toujours très futés les Homo Sapiens.

— Oui, cette fois-ci, tu as raison… Nous avons du sauvage en nous. Et certains plus que d'autres ! Certains intégristes religieux veulent même s'en prendre aux ruines de Mésopotamie maintenant… Même détruites, les ruines, traces d'un passé encore trop large pour prendre place dans l'étroitesse de leur esprit étriqué, gênent toujours les idiots.

— Il y a bien des révolutionnaires en France qui ont brûlé des œuvres d'art, des monuments et profané les tombes des rois avec pour seul but d'assouvir leurs pulsions de destruction.

— Ainsi, ils tentaient de faire croire que le Monde allait commencer avec eux. Que tout ce qui avait existé avant eux devait être oublié et donc rendu au néant.

— Vous avez besoin de bûchers pour pratiquer de gigantesques autodafés culturels et ainsi vous croire grands purificateurs et stérilisateurs de vos nouvelles fondations.

— Je sais. Je ne pense pas que la violence soit l'apanage du passé ou de certaines régions éloignées. La bêtise est universelle. Indépendante de la race, de la couleur de peau ou du sol qui l'a vue naître. C'est le fruit pourri d'une mauvaise éducation, d'une culture étriquée et souvent d'une frustration ou d'une jalousie qui réduit la pensée à son seul objet de rancœur. C'est dans le vide de la pensée que naît le mal.

— Ayant parcouru le monde et le temps, je te le confirme… Et les religions, quand elles n'acceptent pas l'autocritique, ont tendance à vous lobotomiser. Sans garde-fous, elles vous vident la pensée, comme tu le dis, et souvent par la force, pour faire place à la folie de la certitude. Au lieu de vous relier, les religions ont tendance à vous séparer. Je crois qu'elles tentent par l'exploitation spirituelle des hommes et leur rigidité morale de subordonner les peuples à leur pouvoir temporel.

— Les religions ne sont que des institutions humaines. Donc profondément imparfaites et enclines aux excès s'il n'y a pas de contre-pouvoir pour restreindre leur zèle.

Lorsqu'on leur laisse trop de puissance et qu'elles deviennent une option imposée, alors oui, le malheur est proche. Si elles ne restent qu'un guide, un phare dans la nuit, une option proposée, alors elles contribuent au bonheur de ceux qui y adhèrent volontairement par aspiration au sacré. Elles deviennent à ce moment un réconfort possible et une voie dans la recherche d'une transcendance qui nous permet de voir au-delà des apparences.

— Je n'en doute pas mais vous avez du mal à les contenir dans leur rôle de phare...

— L'enjeu, c'est de ne jamais leur donner le bras armé du temporel qu'elles revendiquent tôt ou tard pour ne satisfaire finalement que l'ego d'un grand prêtre ou d'un gourou. Il faut rester sur cette séparation formelle donnée par le christianisme : « Rendre à César ce qui est à César et à Dieu ce qui est à Dieu » ! Dieu n'est qu'une hypothèse. Les individus doivent demeurer libres d'accepter ou de rejeter cette hypothèse.

— J'ai vu mourir beaucoup d'hommes pour cette hypothèse. Qu'ils furent polythéistes comme les romains, les grecs, les babyloniens, les assyriens ou les égyptiens. Qu'ils furent partisans de monolâtries avec un Dieu par peuple qui servait de caution au fait de combattre le Dieu des voisins et à l'occasion, d'accaparer leurs richesses. Ou qu'ils soient monothéistes, comme les chrétiens ou les musulmans inspirés du peuple juif avec des prophètes à l'ouïe assez fine pour entendre les injonctions divines. De tout cela, je ne retiens que violence et guerre.

— Oui… Ce furent et ce sont encore massacres et douleurs au nom d'un Dieu d'Amour partagé maintenant par la moitié de l'humanité.

— Que la moitié et regarde-moi ce bazar ! Vous êtes incroyables !

— Le vide spirituel est un risque aussi tu sais. On voit bien aujourd'hui les êtres humains tenter de se libérer du religieux qu'ils trouvent bien trop liberticide. Cela préfigure à terme, si la tendance se maintient, une conversion de tous les peuples de la Terre à un mélange de relativisme, d'immanentisme et de scientisme. La quête de l'invisible et les aspirations à l'absolu seront accommodées à la sauce New Age ou d'un bouddhisme revisité façon Madonna et les psys prescriront de plus en plus de Lexomil aux âmes en peine. Ainsi l'humanité « émancipée » dérivera vers « le meilleur des mondes » sous la férule high-tech d'un Big

Brother maquillé en démocrate compatissant. Bref, Aldous Huxley aura vu juste !

— Voilà qui est pessimiste mon ami Thierry. Ne crois-tu pas au progrès ?

— Le progrès, cette nouvelle religion née avec le siècle des lumières ? Si ! Bien sûr !

— Tu me rassures. Pour un scientifique, j'aurais été surpris…

— Mais il faut pouvoir la critiquer, comme toute religion. Dans la mesure où l'on postule que le progrès est, comme la plupart des illusions collectives, un opium, il nous faut, pour commencer à penser, pouvoir dire non, un non radical. Le non est le début d'une démarche critique menant à la réflexion. Ainsi Platon commence-t-il par dire non au monde sensible ; Épicure, non aux dieux ; Voltaire, non à la servitude ; Marx, non au capitalisme ; notre époque doit dire non au progrès. Ce qui ne signifie pas dire non aux améliorations de l'existence humaine, mais non à l'idéologie du progrès, à la religion du progrès, à la croyance selon laquelle le progrès est le sens de l'histoire. Cette religion empêche à la fois de penser et de maîtriser ce progrès. La critique du progrès est parente de la critique de toutes les illusions, en particulier des religions quelles qu'elles soient.

Il faut pouvoir blasphémer et se poser les bonnes questions.
Nous l'avons dit tout à l'heure, sans remise en cause, c'est
la dictature qui s'impose.

— Tu es donc un rebelle ! Hi hi hi !

— Disons que je me méfie de ce que l'on me demande
d'accepter sans esprit critique. Je me surprends même
parfois à tenter de penser contre moi-même pour m'assurer
que je suis bien d'accord avec mes propres convictions et
m'éviter ainsi une forme d'auto-endoctrinement.

— Tu es rigolo, Thierry !

— À l'heure de l'uniformisation et de la pensée unique,
méfions-nous des modes universelles et des idées prêtes à
penser univoques. Un peu d'esprit critique ne peut pas faire
de mal. Car comme le disait je ne sais plus quel écrivain,
« espérer être dans le vent est une ambition de feuille
morte ». Je m'efforce avec les limites de mon savoir et de
mon intelligence de ne pas être une vieille feuille jaunie trop
soumise à la gravité des foules et aux mouvements de l'air
ambiant.

— Plus on essaie de rentrer dans le moule, plus on
ressemble à une tarte ! Hi hi hi !

— Tout à fait ! Voilà pourquoi je souhaite pouvoir
observer avec un regard critique ce progressisme libéral qui

tente de réduire l'individu à une part indifférenciée et sous contrôle d'un tout.

— Je croyais que le progrès pour vous était une opportunité. Bon, il faut dire que je ne me suis pas vraiment posé la question de votre point de vue.

— D'une certaine manière, oui… Mais vigilance ! Car si elle ne l'avoue pas toujours, l'idéologie progressiste cherche à fabriquer un homme nouveau. Même si c'est loin de tes préoccupations, regarde cette évolution qui nous est proposée. Après la location de ventres de mères porteuses autorisée dans bien des pays, la sélection d'embryons avant implantation, le clonage, voici la notion de consentement pour le don d'organes en cas de décès qui prend du plomb dans l'aile. Plutôt que de faire de la pédagogie sur la générosité du don, on légifère. Tu n'as plus le droit de boire, fumer, manger gras, trop salé pour ne pas mourir mais bientôt, si ça t'arrive, tu dédommageras tes concitoyens de ton absence par l'offrande des pièces détachées de ton corps ou de ceux des membres de ta famille. Bref, tu ne t'appartiens plus. Dans certains pays, il y a déjà des enfants ou des adultes qui sont enlevés pour se faire voler leurs organes. Il y a même un marché noir où des organes de contrebande sont vendus jusqu'à 150 000 euros. L'état islamique en Syrie finance même une partie de ses armes par ce moyen. Autrement dit, nous allons vers des États et vers une société qui nous voit comme un kit. Après l'enfant devenu un objet de désir et donc d'acquisition en monnayant le contournement des contraintes de procréation et le choix des gènes, c'est maintenant l'idée d'un homme recyclable qui s'impose. Ce qui sous-entend que le défunt est un déchet qu'il faut recycler. Voilà donc un nouvel objet technique qui, ayant atteint la date de son obsolescence programmée, verra se faire réutiliser certains de ses morceaux.

— Tu sais, la matière et ton corps qui en est composé ne t'appartiennent pas vraiment. Je suis bien placé pour savoir que la matière, les atomes et les molécules fluctuent d'un endroit à un autre en permanence et se rassemblent momentanément pour être toi à cet instant.

— Que veux-tu dire, Eugène ?

— Que si tu repenses à un instant précis de ta vie d'il y a dix ou vingt ans, que tu puisses te remémorer les goûts perçus par ta bouche, les odeurs senties par ton nez, la vision de tes yeux ou les sensations du toucher avec tes doigts, tu vas dire : « j'étais là puisque je m'en souviens !

J'y étais avec mon corps à moi qui m'appartient ». Avoue, c'est bien ce que tu me dirais ?

— Oui, réponds-je dubitatif, ne voyant pas où cet atome voulait m'emmener.

— Eh bien, tu n'y étais pas !

— Comment ça ? Quel est ce nouveau délire d'être quantique ?

J'ai encore l'impression de l'entendre rire.

— Tu n'y étais pas car l'homme que tu es aujourd'hui n'a plus une once de particule commune avec celui de ton souvenir. Pas un seul atome de ton corps de l'époque n'est encore présent dans ton être d'aujourd'hui. Tu n'es donc pas la substance dont tu es fait. Ça t'en bouche un coin, non ?

Je reste un instant sans voix… Je regarde mes bras et mes mains. C'est étonnant ce sentiment d'être toujours le même alors que nous nous transformons et nous renouvelons en permanence. Même notre cerveau, support de la mémoire et de cette impression de pérennité, voit ses composants se renouveler…et pourtant l'information et l'unicité de notre personnalité se maintiennent.

Sortant de mes rêveries, je me reconcentre sur la discussion avec Eugène.

— C'est vraiment vertigineux ce que tu me racontes, Eugène. Mais que les atomes soient les mêmes ou pas dans nos membres et organes, cela ne change rien au fait que cette idéologie fanatique de « l'homme nouveau » est une rupture dans l'humanisme qui a été à l'origine de cette notion de progrès. Certains, en s'appuyant sur ce discours progressiste, veulent nous faire évoluer vers ce fameux « meilleur des mondes » avec des relents frankensteiniens, où l'homme, sans racines ni valeurs, n'est plus qu'un être modulable, monnayable, achetable en pièces détachées et adaptable aux besoins et aux plaisirs d'une collectivité dictatoriale prosternée devant le Dieu Progrès.

— Effectivement, je comprends ton inquiétude. La science et la technique ont pris le pas sur la nature, sur le pouvoir, sur la poésie, sur la philosophie et sur la religion. Voilà le cœur de l'affaire. Elles ont bouleversé votre vie. Ça ne doit pas faire rêver grand monde pourtant cette idéologie qui semble se répandre chez vous.

— Non, mais les gens s'y soumettent souvent. Et puis on les divise pour régner. Ces évolutions se font par petites touches et par petits pas acceptables. Une forme de mondialisation libérale tente de s'imposer par cette religion du progrès. Pour ce faire, elle doit combattre les religions en place.

— On dirait donc qu'on vous vend ce « progrès » pour vous asservir à un monde athée, uniforme, où des individus sans filiation, sans Histoire, sans culture, se comporteront comme les pièces d'une mécanique mondiale, consommant et produisant dans une société globalisée et pacifiée.

— Oui, nous serons certainement suffisamment heureux pour ne plus nous révolter. Il n'y aura plus qu'une seule pensée collective et les éléments subversifs qui pourraient apparaître spontanément malgré des médias et des services éducatifs homogènes et à l'unisson, seront irrémédiablement éliminés au nom de notre sécurité et de la doxa unique.

— Vous serez fichés, suivis. Sur internet, avec vos portables et vos ordinateurs. Bientôt, semées sous votre peau, des puces électroniques feront partie de votre corps. Vous serez votre propre robot. Vous suivrez et on suivra pour vous vos états d'âmes et vos mouvements en temps réel sur un écran d'ordinateur. On vous inculquera de moins en moins d'esprit critique et de culture et on vous lobotomisera à grand coup de matchs de foot, de télé-réalité et de tubes à la mode.

— Ça a commencé. Le niveau des étudiants et des programmations télévisuelles sont en chute. « Panem et circenses » chantaient les empereurs romains pour garantir leur pouvoir et la paix dans la cité.

— Thierry, tu sais bien que tout ce que la science est capable de faire, elle le fera. Un rêve de puissance vous emporte. La physique mathématique et la biologie moléculaire sont pour vous la poésie d'aujourd'hui. Ce sont elles qui traduisent et qui façonnent le monde et elles soulèvent chez les jeunes gens l'enthousiasme qui venait hier des poètes. Et dans ce cadre, il ne vous faudra pas franchir les lignes jaunes qui cadreront vos existences.

— Il s'instillera une interdiction complète de la critique, perçue comme opposée au bien commun.

— Toi qui me parlais de liberté vis-à-vis des évènements et de tes gènes, je comprends tes craintes maintenant. Si tu as raison, à ce rythme-là, tes descendants seront confortablement installés dans un quotidien tièdement rassurant mais totalement dénué de liberté individuelle. Vous serez comme ces colonies de fourmis qui forment un organisme global où chaque individu n'est là que pour servir la communauté sans se poser de question. En fait, vous allez poursuivre cette organisation de la matière, entamée lors du

Big Bang, vers un « supra-individu » pensant et agissant qui engloberait toute l'humanité.

— C'est un sens directionnel universel qui se poursuit. L'énergie s'est structurée en matière qui s'est assemblée en atomes, les atomes en molécules, les molécules en organismes vivants moléculaires puis unicellulaires. Ils se sont associés en organismes pluricellulaires de plus en plus évolués jusqu'à l'Homme et sa conscience.

— La prochaine étape dans cette organisation de l'Univers serait donc la fusion des volontés individuelles dans une humanité entière agissant comme un seul « Individu » ?

— C'est ce que pensait dans les années trente un certain Pierre Teilhard de Chardin qui imaginait qu'après l'apparition de la géosphère (matière inanimée) et de la biosphère (vie biologique) se consoliderait une noosphère. Celle des consciences humaines. Lui, scientifique chrétien, voyait dans cette tendance d'harmonisation des consciences le dernier maillon de l'évolution tendu vers la rencontre de l'humanité avec Dieu.

— Noosphère ? Une pellicule de pensée enveloppant la Terre et formée de communication humaine ? Mais, n'est-ce pas votre internet, vos radios et vos téléviseurs ?

Effectivement alors, elle est en passe d'exister cette noosphère, mes braves humains !

— La question est : sera-t-elle au service d'une vision athéo-libérale prônant un consumérisme matérialiste ? Ou se mettra-t-elle en place au service d'une religion pour une humanité se tournant vers une transcendance divine? Et si oui, laquelle ?

— Moi, petit bout de matière, je crois que c'est la première hypothèse qui l'emportera.

— Pourtant, les hommes ont besoin d'un idéal qui les pousse et les mette en marche. On l'a bien vu en URSS, où après plus de soixante-dix ans de pur matérialisme, à grand renfort de propagande et de musée sur l'athéisme, les russes se sont précipités de nouveau dans les églises. Chez nous aussi, à l'Ouest, nous avons voulu réduire notre civilisation occidentale à ce qu'elle a de plus pauvre et de plus inintéressant : le confort matériel. Nous avons abandonné et méprisé toute considération d'une vie spirituelle, d'une certaine dignité humaine pour nous contenter du minimum: le droit des peuples à disposer d'un écran plat ou d'un smartphone !

— Il est vrai que les écrans sont maintenant un prolongement de vous-mêmes.

— Alors on voit bien maintenant que les religions tentent de secouer le joug de ce laïcisme athée et de cette dictature du progrès pour redevenir les références de valeurs morales dans cette noosphère, portées par les réseaux sociaux.

— Pour cela, il vous faut trouver, pour les décennies à venir, la bonne manière de les pratiquer. Choisir celle qui apporte le bien et le respect de tous les hommes.

— Aujourd'hui, nous en sommes loin. Le djihadisme tente sa chance sur le plan religieux tout comme le nazisme et le communisme avant lui l'ont fait dans une version matérialiste.

— Comme pour ces deux idéologies, il attire tous les ratés et psychopathes en mal de sens à leur misanthropie. Tous les minables qui cherchent une cause pour se nourrir de sang se rallient à ce genre d'idéologie totalitaire.

— C'est vrai. Mais je crois qu'il attire aussi de plus en plus d'hommes et de femmes à tendance violente et qui ne se satisfont plus des bienfaits ouatés et sans aspiration du confort moderne. Mais comme pour ces deux « religions » matérialistes, cette forme de nihilisme religieux sera vaincue par le consumérisme mondialisé qui n'acceptera pas ce retour en arrière de la civilisation. On s'en réjouira collectivement après de nombreux deuils et d'abominables drames jusqu'au moment où une autre utopie, faussement rédemptrice, venue on ne sait d'où, mettra à nouveau le monde à feu et à sang. Car sauf à le lobotomiser, l'homme ne peut pas affronter son angoisse du néant sans le recours d'une espérance transcendante susceptible d'ensoleiller son cœur tout en irriguant l'inconscient collectif.

— Si je t'écoute, l'homme finalement n'arrive pas à tailler sa route sans la caution d'une étoile dans la nuit qui le dépasse. La science ayant désenchanté l'Univers, vous devrez chercher plus loin et plus haut que le ciel de quoi vous évader du scepticisme nauséeux auquel vous condamne la « modernité ». Et vous recommencerez à sombrer dans de nouveaux excès. Que je suis heureux de n'être qu'une infime particule de matière sans angoisse métaphysique…

— Oui, certainement Eugène. Dieu n'est pas mort contrairement à ce que croyait Nietzche qui s'en désolait, voyant les religions comme des remparts moraux à nos instincts. Et heureusement…

— L'Histoire te donne raison, Thierry. Les religions s'agitent en ce moment. Avec 2,3 milliards de chrétiens, 1,5 milliard de musulmans, 1 milliard d'hindous, 500 millions de bouddhistes et juste 150 millions d'athées, je pressens qu'il va y avoir encore des frictions…

— Oh que oui ! Nos journaux en sont remplis. Alors, justement, en parlant de friction, revenons à ton histoire, cher Eugène, et poursuis ton récit.

— Oui… Alors, après avoir été bu et m'être retrouvé dans la circulation sanguine de ce roi guerrier et barbare, j'ai été incorporé dans les fibres du muscle quadriceps de celui-ci.

— Dans la cuisse d'Alaric ?

— Je me suis accroché avec trois de mes collègues hydrogènes à un atome de carbone dans une longue chaîne protéinique musculaire. Je l'ai accompagné jusqu'à la fin de sa vie quelques mois plus tard. Ce roi cupide est mort d'une fièvre en Calabre, au sud de l'Italie, alors qu'il tentait de traverser la Méditerranée pour envahir l'Afrique. J'ai donc été enterré avec lui sous le lit de la rivière Bussento, qui coule à Cosenza. Ils n'ont pas fait les choses à moitié. La rivière fut détournée, la tombe creusée et son corps fut inhumé avec un important trésor qui personnellement me laissait de marbre mais qui aurait titillé plus d'un de tes congénères.

— Je veux bien te croire. Le mot trésor fait toujours rêver et les chasseurs de trésors ne manquent pas.

— Enfin, après tout cela, ils ont fait reprendre son cours à la rivière. Les pauvres esclaves, qui ont creusé la tombe, ont été mis à mort pour garder le secret et je pourrais te dire, pour te faire bisquer, que je fais partie des rares qui savent où se trouve cette tombe avec son trésor… Hi hi hi !

— C'est facile de mépriser le goût des hommes pour la richesse quand on a l'éternité et l'immensité comme espérance. L'Homme, plus que la fortune, recherche la reconnaissance qui est une des formes les plus valorisantes de l'amour puisqu'elle satisfait son ego. À travers la richesse, il souhaite briller, être aimé, reconnu et prendre sa place le plus au centre possible d'un monde où, sans cela, il ne serait qu'un mammifère parmi tant d'autres, comme tu le penses.

— Je vais vous plaindre, tiens… Vous n'êtes que des enfants toute votre vie ! Il n'y a que la taille et la valeur des jouets qui changent. Vous aimez jeter de la poudre aux yeux clairement destinée aux yeux des autres.

— Détrompe-toi, pour nous, la volonté de flatter notre ego ne passe pas que par la richesse. Cette recherche d'amour par la reconnaissance est une quête perpétuelle de l'existence. C'est une constance psychologique et motivationnelle. Cela se perpétue du petit enfant à l'homme mature et dirigeant.

— C'est ça ! Vous êtes des enfants narcissiques.

— Peut-être un peu… Et c'est vrai que même adulte, il faut beaucoup de recul sur soi et sur les situations pour ne pas sombrer dans cette comédie humaine de la recherche d'affection par les signes extérieurs de reconnaissance.

— Je contemple votre quête d'amour avec charité et tendresse tellement elle est ancrée dans vos gènes. On trouve autant de puérilité chez un garçonnet devant sa maîtresse, que chez un chef de service devant son directeur général ou que chez ce dernier devant son PDG. Vous cherchez éternellement à retrouver chez les autres le regard d'amour admiratif que vous portaient vos parents quand vous étiez petits.

— Tu as raison… Et il y a autant d'enfantillages et de mendicité d'un geste d'affection chez un ministre bardé de diplômes devant son Premier Ministre que celui-ci en aura devant le Président. Cette petitesse et profonde humanité a quelque chose de touchant. Non ?

— Je ne sais pas… Tout cela est si loin de mes préoccupations. Moi, mes perspectives sont plus de l'ordre de la chimie. Est-ce que je vais lier mes orbitales électroniques avec un autre hydrogène ou avec un oxygène comme dans l'eau ou l'alcool ? Ou avec un atome de carbone, comme dans les hydrocarbures, les acides gras, le sucre, les protéines ? À moins que ce ne soit avec un azote, comme dans les acides aminés, les protéines, l'ammoniac ? Ou pire, que je me retrouve seul sans mon électron à aller et venir dans un sel, du type acide chlorhydrique que j'acidifierais ? Tu vois, mes perspectives sont plus terre à terre.

— Effectivement… Nous, au-delà de l'Être social que nous sommes, nous devrions nous interroger sans concession. Dans les rares moments de solitude que nous permet l'existence, nous devrions tenter cette introspection sans témoin ni faux-semblant : qui suis-je quand personne ne me regarde ? Car c'est ce que nous faisons sans spectateur ou sans contrepartie possible qui nous montre ce que nous sommes en vrai. Bref, ce sont les actes totalement désintéressés que nous pratiquons ou pas qui peuvent nous servir de vrai miroir pour nous juger.

— Beaucoup seraient surpris de ce qu'ils trouveraient. J'ai remarqué qu'à force de jouer un rôle social, un personnage, les Hommes ont du mal au final à savoir qui ils sont vraiment et quelles sont leurs aspirations. Ça ne doit pas être drôle tous les jours de ne pas pouvoir être soi-même !

— Oh que oui… Un grand homme indien, Gandhi, disait : « Le secret du bonheur, c'est l'alignement entre ce que vous pensez, ce que vous dites et ce que vous faites. »

— Alors peu d'entre vous doivent être vraiment heureux… Car peu possèdent cette congruence entre la pensée, les mots et les actes.

— C'est certain. Surtout dans une société de plus en plus formatée et uniformisée qui accepte mal les esprits « dissidents ». Et pourtant, cela peut valoir le coup de rechercher un peu de cohérence interne. Car comme le disait Jiddu Krishnamurti : « Ce n'est pas un signe de bonne santé que d'être bien adapté à une société profondément malade. »

— Du coup, je pense que de temps en temps, il ne faudrait pas hésiter à vous « réaligner » individuellement sur ce que vous êtes profondément.

— Oui, mais ce n'est pas si simple de quitter l'habit de « l'acteur » et retrouver congruence et authenticité... Dire ce que l'on pense et être soi-même est un risque permanent que beaucoup ont payé très cher. Un dénommé Martin Luther King disait : « Pour se faire des ennemis, pas la peine de déclarer la guerre, il suffit de dire ce que l'on pense. »

— Ah mince ! Voilà donc une forme d'honnêteté et donc une belle qualité, source d'ennuis et de conflits. Dommage…

— Voilà pourquoi beaucoup d'hommes font le choix de ne pas se donner des principes plus forts que leur caractère et jouent hypocritement le personnage que leur environnement leur demande de jouer. En famille, en entreprise, en politique… Partout en fait.

— Et ils le font souvent au détriment de leur bonheur, j'ai pu le constater régulièrement lors de mes aventures aux côtés de tes congénères.

— J'imagine. Tu as dû en voir des vertes et des pas mûres, comme l'on dit. Bon, revenons-en donc à ton périple. Le temps passe !

— C'est que tu es largement aussi bavard que moi, Thierry ! Hi hi hi !

— Moi ? Bavard ! Que nenni !

Je lui souris avec un regard complice. Il doit être étrange ce regard humain pour un « être » que je ne perçois même pas et qui barbote dans un verre d'eau. Je ne peux même pas savoir si lui aussi partage ce moment de complicité en répondant à mon sourire… Je l'entends reprendre la parole.

— Alors, si tu ne m'interromps plus, tu auras la suite de ma longue biographie.

— Tu sais, je ne me lasse pas de partager tes exploits.

— Après mon séjour enterré sous la rivière, l'eau et le pourrissement des chairs m'ont libéré pour me rendre à la nature.

— Né poussière, tu retourneras poussière, comme le dit le livre de la Genèse.

— La parabole de la poussière est l'exact reflet de la réalité. Je ne suis qu'un minuscule petit grain de poussière. Et en tant que graine infime de matière, dès que la force de la vie disparaît, les petits grains de poussière que nous sommes se retrouvent livrés à eux-mêmes et c'est ainsi que j'ai fini, au bout de plusieurs années, emporté dans le courant. Avalé par un beau poisson, je fus pêché par un brave homme un peu plus loin. J'ai été vendu avec lui sur un marché coloré et bruyant d'Italie du sud contre espèces sonnantes et trébuchantes au serviteur d'un notable. J'ai ainsi fini dégusté un soir, lors d'un banquet arrosé, par une riche aristocrate du peuple ostrogoth. Elle était enceinte d'une petite fille. Ce fœtus était le fruit d'une union avec l'un de leurs chefs de guerre, Théodoric, je crois.

— Tu as accès à notre profonde intimité parfois. Voilà une bonne raison pour moi de ne pas te boire. Tu serais bien capable de révéler à tout le monde l'état de mon foie, de mes reins ou de mon cerveau pendant les milliards d'années à venir.

— Oui…car j'aime bien vous visiter. Ce jour-là, j'ai été heureux d'arriver ainsi par le cordon ombilical au cœur de la matrice débouchant dans le corps de ce fœtus féminin en pleine croissance et qui allait devenir Théodora.

— Théodora baignait dans le liquide amniotique dans le ventre de sa mère ?

— Oui et j'ai pu apprécier la magie de cette vie naissante et de cet être en construction. Après sa naissance, lors d'un voyage en bateau pour rejoindre sa famille, cette charmante petite fille me fit débarquer quelques années plus tard sur la côte occitane, pas très loin d'ici alors que j'étais dans une de ses cellules hépatiques.

— Épargne-moi ton passage par la vésicule biliaire et ton élimination par les voies naturelles s'il te plaît.

— Eh bien non ! Figure toi qu'elle m'a expiré lors d'une soirée où elle chantait seule dans sa chambre du château de la cité de Carcassonne. J'ai donc pu repartir dans l'air ambiant qui embaumait les chaudes odeurs de la garrigue et qui ne sont pour moi qu'une multitude de molécules complexes qui savent si bien titiller vos fosses nasales.

— Oui, c'est étonnant qu'avec si peu d'éléments de base, le monde se présente de manière si variée à nos cinq sens. Avec à peine un peu plus d'une centaine de sortes d'atomes différents, toutes les palettes de matières, de touchers, de couleurs, de goûts ou d'odorats sont possibles.

— Et n'oublie pas que tous, sans exception, sont les descendants de l'hydrogène qui représente 93% du nombre total d'atomes dans l'Univers. Et tous les autres, nos cousins, ne sont que le fruit de la fusion d'atomes d'hydrogène, identiques à moi, au cœur des étoiles. Si vous avez du calcium dans vos os, du fer dans vos veines, du carbone dans vos âmes, et de l'azote dans vos cerveaux, c'est grâce aux chaudrons stellaires qui ont transformé mes anciens collègues. Alors, dites-vous bien que vous n'êtes que des poussières d'étoiles, avec des âmes faites de flammes.

— Oui, nous sommes en quelque sorte des étoiles avec des noms de gens !

J'éclate de rire tellement ce petit proton avec son électron m'attendrit par son besoin de reconnaissance. Si même la matière se met à cultiver son ego, où allons-nous ? Hi hi hi ! Allons-donc ! Voilà que je m'y mets aussi. Il est contagieux ce petit rire ironique.

- Oui Eugène ! Je sais ce que nous vous devons tous. Vous êtes formidables ! À partir de si peu d'éléments de base, dont beaucoup d'hydrogène, un monde varié et hétérogène s'offre à nous. L'Univers a fait un travail formidable : l'ensemble de la matière à partir de quarks n'est composé que de protons, neutrons et électrons donnant ainsi, juste par la façon dont ils sont agencés, 118 atomes différents à la base de la lune, des galaxies, de notre table de jardin, des feuilles, des arbres, la voie lactée, le soleil, les montagnes, les océans, les baleines, la sardine, les mouches, les papillons, les cyprès, l'érable, l'ornithorynque, le poivre, le thé, le café, la Romanée-Conti, le Pomerol, la Joconde, le David de Michel-Ange, Notre Dame, l'Alhambra de Grenade, la tour de Pise, les pyramides d'Égypte, le Colysée, l'Empire State Building, Vaux le Vicomte, le château de Versailles, les smartphones, le pétrole, la télévision, de l'ordinateur que vous avez dans les mains et de vos yeux qui les contemplent ! Le papier et l'encre de ce livre et tout ce qui a été, est ou sera construit, créé, inventé, pensé, écrit ou peint par l'homme, par Dieu ou la Nature.

— N'ayez pas de complexe, vous avez bien réussi, vous les grands singes, avec huit notes de musique à réaliser les œuvres si différentes de Bach, Beethoven, Mozart, Debussy, Fauré, Chopin, Dvorak, Karl Orff, Edith Piaf, Charles Trenet, Aznavour, Brel, les Beatles, Super Tramp, ACDC, Céline Dion, Johnny Halliday, Mickael Jackson et tant d'autres…

— Tu sembles être un sacré mélomane !

— Oh, je peux aussi te parler littérature si tu veux. Vos livres que tu adores sont simplement une admirable combinaison de seulement 26 lettres qui te font pourtant voyager à l'infini. Oui, la nature humaine est bien faite aussi. Avec 26 lettres, il vous a été possible d'écrire « Les dix petits nègres », « Les mémoires d'outre-tombe », « Les misérables », ou encore « Le club des 5 » et « Martine à la ferme ». Certains ont même écrit « D'azur aux besants d'or »… Quel talent vous avez !

— Ça n'est pas faux ! dis-je en souriant. Nous aussi tentons une création illimitée à partir de peu de choses. La

Nature doit inconsciemment nous inspirer. Sa recherche d'économie de moyens pour faire de grandes choses. Tout comme nous l'avons vu, l'Univers tout entier a déployé sa complexité à partir de peu d'éléments différents. Eh bien, tout le vivant a fait de même. Les codes génétiques de toutes les espèces ne tiennent que dans les 4 bases de l'ADN représentées par les 4 lettres Adénine, Cytosine, Thymine et Guanine et que nous possédons, mélangées par le hasard et la nécessité lors de la reproduction dans une combinaison chromosomique qui code tout ce que nous sommes. Cela fait de chacun d'entre nous, un être unique, tout comme chaque autre humain, chaque vache, tigre, lapin ou pomme de terre, poireau, drosophile et coléoptère. Ce sont les mélanges de ces 4 briques ultimes du vivant au cœur de nos gènes qui nous confèrent cette alchimie individuelle.

— Bref avec vos 8 notes et vos 26 lettres, vous tentez d'imiter la Nature. Ah là... L'homme voudra toujours à sa manière se faire l'égal de Dieu.

— Bon, revenons à ton histoire. Tu étais en plein VIème siècle en train de déambuler dans l'air chaud et odorant de la campagne audoise.

— Largué dans l'air occitan, je suis reparti dans des mouvements d'air et de convection. J'ai retrouvé les écoulements paisibles et les tourbillons d'eau. J'ai aussi de nouveau profité de villégiatures dans les feuillages et les troncs ou tiges des végétaux européens.

— Quelle vie paisible et bucolique !

— Houlà ! Pas toujours ! En 1115, après être arrivé par la salive d'Abélard embrassant goulûment Héloïse, j'ai été transpiré par celle-ci dans la chaleur d'un été parisien lors des ébats torrides de ces deux tourtereaux insatiables.

— Pauvre Abélard, heureusement que tu n'as pas fini dans ses testicules, tu aurais été jeté aux chiens par le chanoine Fulbert, l'oncle d'Héloïse…

— Ouille ! Le pauvre. On ne plaisantait pas à l'époque, dis donc ! Heureusement, je n'étais pas situé par-là !

— Ça tient à peu de chose parfois le destin…

— Plus tard, c'est dans une pomme croquée par Gengis Khan que j'ai pu enfin rejoindre un être humain au cœur des steppes mongoles d'Asie centrale au tout début du XIIIème siècle. Il ne m'expulsa qu'en 1220, après une longue chevauchée à la tête de ses troupes près de Samarkand, alors qu'il venait pour s'emparer du royaume de Khwarezm en Ouzbékistan.

— Tu as dû là encore, avec cet homme, apprécier l'absence de pitié dont peuvent faire preuve les gens de mon espèce envers leurs semblables…

— Ça n'est rien de le dire. Je n'étais pas mécontent de sortir du corps de cet individu cruel.

— Parfois, la compagnie des bêtes doit te paraître bien plus apaisante.

— Oh que oui ! D'ailleurs là, c'est un oiseau migrateur qui m'emporta, et me ramena vers le nord de l'Europe. J'ai traîné un moment vers l'Allemagne. Pris dans la poussière d'un atelier d'imprimerie, je me suis déposé sur la peau humide et grasse d'un dénommé Gutenberg. Une fois qu'il s'est lavé, je suis reparti dans les ruisseaux. Je t'épargne encore une fois les détails de mes péripéties. Mais pour résumer et ne te parler que des « vedettes » de votre Panthéon des vanités : j'ai vu le tube digestif du roi Henri III alors que j'arrivais d'un grain de pinot noir de Bourgogne cueilli pendant les vendanges à Gevrey Chambertin. J'ai coulé dans le bain de la belle Gabrielle d'Estrées lors de ses ablutions au château de Coeuvres en Picardie.

— Veinard ! La belle maîtresse d'Henri IV ! Tu ne t'embêtes pas, toi !

— Tout ceci m'a laissé de marbre… Je suis hermétique à la beauté, aux charmes, à l'amour, au désir et à la passion.

— Quel ennui !

— Non, une vraie paix permanente !

— Quelle tristesse, oui !

— Peu importe mammifère sensible… Je poursuis car je suis proche de l'évaporation et de toute façon, mon cœur ne battra jamais la chamade pour une mignonne hydrogènette. Donc, l'eau du bain de la belle Gabrielle ayant servi à arroser le potager, en passant par une citrouille, je fus dégusté par le roi lui-même ! Puis ce fut quelques années à flâner dans les campagnes. Un coup dans une herbe, une fois dans la plume d'un oiseau, dans une tige de blé, etc.

— Une vie un peu trop calme à ton goût j'imagine.

— J'ai recroisé le destin d'un homme à Paris alors que Louis XIV enfant luttait contre la Fronde. Un pauvre mendiant m'a absorbé alors que j'étais dans des fanes de radis jetées à la rue. Après être passé par un mouton, je suis devenu un très beau châle de laine qui couvrait madame de Maintenon le soir à la veillée alors qu'elle prenait soin des vieux jours du grand roi Louis, son époux morganatique.

— Tu as dû assister à de très belles, brillantes et touchantes conversations entre ces deux êtres aux destins et à la culture incroyable.

— Pour sûr ! Beaucoup de sagesse et de recul chez ces deux complices. Mais j'en conclus, malgré tout, qu'aucun homme n'a la sagesse et l'intelligence suffisante pour s'autoproclamer maître absolu de ses congénères. Il vous faut de vrais contre-pouvoirs.

— C'est pour cela qu'on a inventé la démocratie parlementaire, qu'elle soit au service d'une monarchie ou d'une république.

— En parlant de démocratie parlementaire et de révolution, je suis passé dans le champagne de Danton. Un drôle de révolutionnaire celui-là. Ce n'est pas l'honnêteté qui l'étouffait mais quelle énergie ! Quel charisme ! Ce sont des hommes comme ceux-là qui changent le monde. Pas forcément les meilleurs ni les plus intelligents. Certainement pas les plus droits mais immanquablement ceux qui savent parler au cœur et à l'esprit des hommes pour les mettre en mouvement collectivement.

— On ne peut pas faire de grandes choses avec des êtres petits. Il faut du souffle pour faire bouger les individus. Nos civilisations, nos collectivités et nos entreprises s'essoufflent et s'éteignent de ne plus être dirigées que par des gestionnaires. Il n'y a plus de meneurs d'hommes, il n'y a plus que des experts comptables et des carriéristes dont le credo est « pas de risque ». Aujourd'hui, on fait carrière moins par ses succès passés que par sa capacité à n'avoir fait aucune erreur. Tout cela manque d'envergure et d'ambition. Sans prise de risque, il ne peut pas y avoir de capacité à sortir des sentiers battus.

— L'homme suivant qui m'a accueilli en a pris des risques…bien malgré lui. C'était un soldat français en 1916 à Verdun.

— Tu as été bu par un « poilu » ?

— Oui, un simple soldat. Un pauvre gars de Bretagne qui m'a bu avec le vin acide qu'on leur servait avant l'assaut. Je me suis mis à flotter dans son sang. Le lendemain, son cœur battait la chamade. Une nouvelle attaque était déclenchée. Je sentais son stress car je baignais dans un flot d'adrénaline et de catécholamines. Le pauvre homme était vaillant malgré son effroi. Il courait au milieu des barbelés et des trous d'obus. Dans le sang, nous circulions à toute vitesse. Le fracas des bombes, les ordres qui claquaient, le bruit des balles qui sifflaient. Il y eut une explosion plus proche, un cri, et je me suis vu voler dans l'air. Son bras, arraché par un éclat de grenade, est retombé sur le sol et je me suis écoulé dans la boue gorgée de sang de cette riche terre lorraine.

— Je suis sans voix. Tu as vraiment partagé toutes les grandeurs, misères et turpitudes humaines. Quel destin ! Mais on s'approche de notre rencontre… Comment as-tu atterri dans ce verre et pourquoi moi ?

— Tu ne vas peut-être pas me croire mais après ce poilu et un tour du monde, je suis tombé dans une goutte de pluie aux alentours de Saint Louis sur les bords de Mississippi en plein cœur des Etats-Unis. Après avoir rejoint ce grand fleuve, je me suis écoulé jusqu'à son embouchure dans le golfe du Mexique près de la Nouvelle-Orléans. Avec la chaleur, je me suis évaporé dans de gros cumulus avec mes collègues de la molécule d'eau. Poussés par un bon vent d'ouest, nous nous sommes déversés sur Cuba dans la région de Pinar del Rio. Au milieu des plantations de tabac, absorbé par ses racines, je suis remonté le long d'un plant de nicotiana tabacum pour finir dans une splendide feuille vert émeraude et me faire dorer au soleil.

Après avoir été cueilli par les rudes mains d'un paysan du coin, on a fait sécher mon plant dans un séchoir afin d'en faire des capes à cigare. Beaucoup de mes amis se sont évaporés dans l'air tiède tropical avant que ma feuille ne soit fermentée et se retrouve livrée à la Havane dans la fabrique Partagas pour être roulée par les mains gracieuses d'une belle cubaine. Une fois sous forme d'un beau cigare gran corona, un bateau m'a exporté vers l'Angleterre. Et c'est là qu'un soir d'été, j'ai été fumé et exhalé dans l'air embaumé de whisky du manoir de Chartwell par sir Winston Churchill lui-même !

— Wouahou ! Tu es passé dans les bronches du plus illustre premier ministre britannique ?

— Oui… Hi hi ! Au travers des volutes bleutées de ses cigares.

— Quelle chance ! Tu as fréquenté du beau monde… Hi hi hi, comme tu ris si bien ! dis-je avec un clin d'œil.

— Et dans la même veine, quelques années plus tard, j'ai fait un passage rapide sur le chapeau de Charles Trenet alors que je tombais sous forme de bruine sur le Paris des années 50.

— Tu ne te refuses rien ! Le hasard t'a plutôt gâté toi aussi. Tu avais statistiquement plus de chance de tomber sur le béret d'un individu lambda tel que moi plutôt que sur celui de ce chanteur réputé. Et ensuite… ?

— C'est là que tu ne vas pas me croire…

— Si, raconte… Après tout ce que tu viens de me dire, je ne vois pas ce que je ne pourrais pas croire…

— Alors je poursuis. Après m'être encore déplacé dans les cumulus, cirrus, altostratus et autres nébulosités, je suis passé par ton corps à l'été 1971 alors que, tout petit à Saint-Tropez, ta grand-mère Anne te faisait goûter une bonne purée de pommes de terre écrasées par ses soins.

— Ça alors ! Tu étais dans les pommes de terre de ma mamie ? Donc, on se connaît déjà ?

— Connaître, c'est un bien grand mot mais comme tu es le seul homme dans lequel je suis déjà passé et que je retrouve en vie, je me suis dit que ça créerait du lien et que tu accepterais ma requête.

— Tu penses ! De vieux amis tels que nous ! Deux fois en moins de 50 ans… À l'échelle de tes 13,7 milliards d'années, cela fait de nous de vieux copains !

J'éclate de rire.

— Beinh...oui, c'est ça. Plutôt que de m'avaler une seconde fois, j'ai pensé que tu m'écouterais calmement sans te prendre pour Jehanne d'Arc. Hi hi hi !

Il m'agace toujours autant ce petit rire strident.

— Tu as donc pu apprécier ma beauté intérieure, Eugène… C'est pour cela ! dis-je ironique.

— Oui, c'est vrai ! Que tu es beau... dedans ! Hi hi hi !

— Tu peux y aller, je n'ai aucun complexe, ni de supériorité ni d'infériorité dans ce domaine.

— Tu sais, nous, on se ressemble tous... Alors, pas facile de sortir du lot. C'est pour cette raison que je n'ai pas beaucoup de rêves. Voilà pourquoi, après la station d'épuration, le nettoyage et la stérilisation qui m'ont guidé cers cette eau potable du robinet de Cessenon, j'aimerais, grâce à toi, vivre une saison dans une fleur...

— Oui, malgré ton ironie, tu as bien mérité d'arroser un iris, mon cher Eugène, et de te retrouver ainsi dans ses pétales. Tu vas me manquer finalement... Peut-être pourrais-je venir te parler quand tu seras enfin incorporé au cœur de cette inflorescence ?

— C'est ta famille et tes amis qui vont se demander si tu n'es pas un peu « fada » de venir ainsi papoter avec une fleur !

— Ce n'est pas faux, dis-je avec une forme de tristesse.

— Mais je vois que tu te demandes comment tu as pu t'attacher ainsi à un si petit Eugène et ça, ça me fait vraiment plaisir.

— Oui... Même ton petit rire aigu va me manquer, c'est te dire. Et puis, je crois que je ne pourrai plus contempler un paysage, un beau coucher de soleil, l'immensité d'un ciel d'été, un océan, un horizon lointain sans me dire que je ne contemple qu'un vide vertigineux dans lequel s'agitent des atomes dont la sarabande depuis la nuit des temps organise ce spectacle dont je me délecte si souvent… Et je me dirai à chaque fois : Eugène est-il là ?

— Arrête… Tu deviens sentimental.

Il ne rit plus. Je soupire. Je me lève, me saisit du verre avec gravité et me dirige vers les iris. Un beau plant bien droit et à l'ombre me paraît le lieu idoine pour verser mon nouvel ami.

— Tu es prêt Eugène ? Tu ne préfères pas passer quelques temps dans mon organisme ? C'est sûr ?

— Ça te peine ?

— Mais non ! Je te taquine… Alors, pas de regret ? On y va ?

— Oui, c'est une vraie chance pour moi d'avoir trouvé une oreille assez fine pour m'entendre.

— Alors je te souhaite une bonne et longue continuation puisque tu poursuivras ta vie éternelle dans ce monde bien après ma mort.

— Tu sais, cette Terre aura aussi une fin, cela arrivera quand le soleil s'éteindra, dans 5 milliards d'années.

— La Terre, la vie sur Terre vont disparaître mais toi, tu iras ailleurs comme tu l'as toujours fait. Et puis 5 milliards d'années…c'est dans longtemps.

— Longtemps pour toi… Pour moi, c'est à peine 30% de mon existence passée. Le temps, pour moi, à mon échelle, passe différemment que pour toi à la tienne.

— Oui, c'est vrai, j'oubliais ! Nous savons depuis la théorie de la relativité d'Einstein et son paradoxe des jumeaux, que le temps n'est pas absolu. L'écoulement du temps est relatif et conditionné par la vitesse et la gravité qui le ralentissent ou l'accélèrent par un phénomène de dilatation temporelle. Contrairement au sentiment commun, nous vivons tous dans une multiplicité de temps désynchronisés.

— Oui… hi hi hi ! Heureusement, aux vitesses où vous conduisez, pilotez ou courez, vous ne vous en rendez pas trop compte. Sinon, quel bazar ce serait si vous évoluiez à des vitesses rapides, proches de celle de la lumière ! Chacun avec des montres en perpétuel décalage en fonction de sa vitesse de déplacement ou des variations de gravité rencontrées en montagne ou en plaine. Ça ne serait pas simple de vous fixer des heures de rendez-vous pour vos sacro-saintes réunions.

— Moque-toi ! Quoi qu'il en soit, la fin de la Terre sera le signe qu'il te faudra trouver de nouvelles planètes habitables et habitées pour continuer à exercer ton esprit moqueur.

— Je serai expulsé comme un vulgaire fétu de paille infinitésimal dans le vide interstellaire.

— Oui, mais tu repartiras, projeté dans l'univers pour peut-être former un autre système planétaire, autour d'une autre étoile, dans lequel une autre vie apparaîtra.

— Peut-être… Mais c'est statistiquement peu probable pour moi. Alors ma vie sera moins drôle sans vous.

Il a l'air vraiment triste. Je ne l'entends plus rire… Un long silence se fait. Ce blanc me procure un drôle de sentiment.

— Tu n'es plus là ?

— Si ! Je réfléchissais… Qui est cet Einstein que tu m'as cité plusieurs fois ?

— Albert Einstein ? Un génie ! Il a été capable, il y a cent ans, en 1915, de penser autrement et de créer une nouvelle vision du monde. Ce nouveau monde einsteinien a remis en cause les croyances et convictions de 2 000 ans de physique. La réalité découverte par Einstein est que notre univers n'est pas un échiquier rigide sur lequel la Matière et la Force jouent ensemble, sans que leur jeu influence en rien l'échiquier qui les porte. La réalité est que le monde est un jeu à quatre, Espace, Temps, Matière et Force. Ou plutôt, un jeu à deux, Espace-Temps et Masse-Energie ($E=MC^2$), où tous les partenaires s'influencent réciproquement. La Masse-Energie déforme par sa présence l'Espace-Temps, et l'échiquier déformé de l'Espace-Temps détermine la façon dont la Masse-Energie se love en lui.

— Un sacré bonhomme on dirait ! Mais pas simple à comprendre semble-t-il…

— Oui, un Christophe Colomb ou un Magellan de la pensée scientifique, capable de voir plus loin et de sortir des sentiers battus.

— Allez, rien que pour satisfaire ton esprit curieux, je vais te raconter un dernier secret. Je vais te narrer comment va se passer le « bouquet final » dans 5 milliards d'années. Mais chut ! C'est un secret.

— Promis, je ne dirai rien… Et puis je ne serai pas là pour le voir !

— Le Soleil, cette gigantesque boule de gaz d'hydrogène située à 150 millions de kilomètres de la Terre, est une étoile dite en effondrement gravitationnel. Pour l'éviter, le soleil dégage de grosses quantités d'énergie émanant de la fusion thermonucléaire en son centre. Imagine-toi : 4,3 millions de tonnes de mes copains hydrogènes chaque seconde fusionnent en hélium et libèrent du coup une énergie incroyable. Cette énergie est constituée de photons. Des photons lumineux gorgés d'énergie comme les rayons gamma et rayons X qui sans l'atmosphère stériliseraient toute vie sur Terre.

— Sans la magnétosphère, l'atmosphère et la couche d'ozone, nous finirions irradiés et grillés à point.

— En une fraction de seconde. Mais tu as aussi toutes ces belles lumières qui vont du violet au rouge et qui sont les plus nombreuses. Elles t'éclairent car tes yeux se sont développés pour capter leurs longueurs d'ondes et ton cerveau pour être capable de les voir. Les plantes, elles-mêmes, s'en nourrissent et savent les exploiter pour la photosynthèse.

— Oui, c'est la lumière blanche que le poétique arc-en-ciel réfracte en sept couleurs dans le ciel quand il pleut et que l'on a le soleil dans le dos.

— Oui, c'est très beau ! Mais ce sont aussi les UVs qui te donnent ce teint hâlé et peuvent brûler. Puis les infrarouges qui apportent cette chaleur qui fait la une de vos radios en ce moment et te donne très envie de me boire depuis tout à l'heure. Ils arrivent tous 8 minutes et 19 secondes après avoir quitté la surface du soleil à raison de 330 000 km/s.

— Tu n'as pas tort ! J'ai très soif… Tu ne vas plus tarder à finir dans mon gosier si tu continues à être aussi bavard.

— Oups ! C'est que j'ai rarement l'occasion de trouver une oreille assez fine et attentive pour m'écouter. Alors, j'en profite un peu.

— Et moi, il y a des moments où je m'interroge sur ma santé mentale à disserter seul ainsi avec toi. Alors, hâte-toi, sinon, je te gobe ! dis-je avec un faux air impatient.

— Ouille ! Ouille ! Je finis vite alors. Dans 5 milliards d'années environ, notre Soleil commencera à manquer d'hydrogène. Presque tous mes copains auront fusionné. Le cœur de notre étoile, très alourdi par l'hélium produit au cours des milliards d'années précédentes, commencera alors à se contracter, ce qui augmentera la température interne de celui-ci. L'enveloppe de l'étoile se dilatera alors sous l'effet de la chaleur et le diamètre de l'astre atteindra cent fois son diamètre actuel. Dans le cœur, la température deviendra alors suffisamment élevée pour que l'hélium fusionne en carbone. L'allumage de la matière est explosif dans ces conditions. Puis successivement, le carbone se transformera en azote, l'azote en oxygène et ainsi de suite. C'est de cette manière-là, aux confins de l'univers, lors de la mort d'étoiles aujourd'hui disparues, que tous tes atomes plus complexes se sont formés. Tu n'es constitué que de graines d'étoiles, Thierry.

— J'ai lu le livre d'un homme formidable qui en parlait. Il s'appelle Hubert Reeves. Il serait très heureux et beaucoup plus compétent que moi pour discuter avec toi.

— Veux-tu connaître la fin ? La fin de tout ce que tu vois autour de toi…

— Vas-y ! Ça me fait drôle mais je ne serai pas là pour le voir. D'ailleurs, y aura-t-il encore un homme sur cette planète pour le voir ? Nous serons-nous tous entretués bien avant ? Aurons-nous construit des vaisseaux spatiaux qui mèneront nos descendants vers de nouvelles planètes habitables ? Quand tu vois déjà notre évolution depuis les 4 derniers millions d'années… À quoi ressemblerons-nous dans 1825 milliards de journées ? C'est difficile à imaginer ! Alors, oui, raconte-moi la fin du Soleil et de la Terre.

— Je poursuis donc. En perdant de sa masse, la gravité sera moins forte. Avec la chaleur intense, le volume de notre étoile augmentera donc encore. Il gonflera, gonflera encore. Jusqu'à 400 fois. Il absorbera et fera fondre Mercure, puis Vénus, puis la Terre et la Lune, puis Mars et ainsi de suite… Ceci entraînera progressivement une baisse de température de sa surface. Le soleil ressemblera alors à une énorme braise incandescente dont la couleur tendra vers le rouge. Ce sera ce que vous appelez une géante rouge. Ce sera très joli…

— C'est là que tout ce que j'ai sous les yeux disparaîtra. Ce verre, ce tilleul, ces collines, ces pins, ce mas, le village médiéval de Cessenon, la rivière Orb qui le traverse…

— Oui, oui tout ! Tout sera dispersé, volatilisé, déstructuré et démonté en atomes libres. Plus rien ! La tour Eiffel, Guernica de Picasso, la pyramide de Khéops, toute l'eau des océans, tes propres os s'il en reste… Tout sera renvoyé au néant et remis en poussières.

— « Vanitas vanitatum et omnia vanitas » dit l'Ecclésiaste dans l'Ancien Testament. Ce que tu me racontes me rappelle que tout est futile, illusoire, vide, fragile et éphémère.

— Alors, je finis le récit de ce dénouement. L'astre mourant et boursouflé connaîtra d'intenses vents stellaires et c'est par ces vents que la géante rouge perdra continuellement de la matière et dispersera tous ces atomes nouvellement créés. Les fusions s'épuiseront en 10 millions d'années environ, laissant un cœur riche en carbone et oxygène. Ce stade de géante rouge, arrivera alors à son terme. Il aura duré environ 500 millions d'années. L'enveloppe de l'étoile se désagrégera. Notre soleil deviendra alors une naine blanche, une sphère stable de la taille de la Terre et d'une densité 1 million de fois supérieure au soleil de départ. Cette naine blanche se refroidira très lentement en encore 10 milliards d'années, laissant une naine noire, froide et morte.

— Bouh, ce n'est pas gai…

— C'est la réalité. Pourquoi la nier et l'occulter ? Et puis, je ne suis pas inquiet pour toi et ton insouciance car pour vous les hommes, ce qui ne vous concerne pas directement dans un avenir proche vous touche assez peu. Si c'est loin dans l'espace ou le temps, difficile de vous sensibiliser. Sinon vous ne fumeriez pas, vous feriez attention à vos ressources terrestres, vous profiteriez bien plus de la vie en ressant ce sentiment d'urgence que devrait vous conférer votre fin à venir toujours trop proche.

— Heureusement que nous sommes inconscients finalement… Sinon la vie deviendrait vite insupportable.

— Pauvres hommes…hi hi hi !

— J'ai eu un doute tout à l'heure, mais non, en fait, il ne me manquera pas ton petit rire !

— Ne te méprends pas… Je suis plein de compassion pour vos destins et vos vies si fragiles. Notre rencontre nous aura été profitable à tous deux. Regarde ce que tu m'apportes. Et ne t'ai-je pas donné, moi, une autre vision de ton environnement par ma petitesse et mon appartenance au domaine pur de la matière quantique ?

— Si, grâce à toi, je me sens faire pleinement partie d'un tout. Un tout dans l'espace mais un tout dans le temps aussi. Car après avoir découvert que sur cette Terre, je ne suis qu'un assemblage vibrant et transitoire de poussières d'étoiles, un simple amas mouvant et changeant composé d'une myriade d'atomes pleins de vide, je réalise maintenant que je descends de matériels du vivant qui proviennent peut-être de Mars et qui ont ensemencé la Terre. Je porte en moi, comme chaque homme ici-bas, toute cette histoire de la vie. Quand je vois sur 3,7 milliards d'années, cette longue chaîne qui me lie à LUCA, en passant par des cellules eucaryotes, procaryotes, des bactéries plus ou moins féroces, des éponges, des algues, des mollusques, des poissons, des batraciens, des amphibiens, des lézards, les premiers mammifères, des lémuriens, des singes, jusqu'à l'apparition du premier hominidé, je perçois la magie de ma venue ici-bas.

— La magie d'un Dieu ou de règles physiques, biologiques et naturelles formidablement agencées.

— Agencées par qui ? Le fameux horloger de Voltaire ?

— Peut-être ? Je te l'ai dit, je suis ignare sur ce sujet.

— Depuis Kant et sa « Critique de la raison pure », nous savons qu'aucun raisonnement n'affirmera ou n'infirmera l'existence de Dieu. Aucune démonstration possible… C'est un ressenti personnel. Une expérience de transcendance individuelle que certains souhaitent organiser collectivement en faisant parler des prophètes qui auraient dicté des règles envoyées par un Dieu. À chacun de se faire une opinion et à chacun surtout de respecter celle des autres. Car finalement, nous n'en savons pas plus que toi sur ce sujet. Pour toi, comme pour les Hommes, Dieu reste une hypothèse que l'on accepte ou pas…

— Moi, je suis persuadé depuis bien longtemps de votre ignorance. C'est pour cela que je ne me pose pas cette question ; à la différence de vous, les mortels pensants. Dieu, s'il est le « grand architecte », est trop grand pour nous, je pense. S'il existe, je doute qu'il s'occupe de ce que vous avez le droit ou pas de manger et de boire.

— Et pourtant que de débats puérils sur ce sujet occupent croyants et analystes.

— Mais j'admire quand même vos paisibles et grands mystiques quelles que soient leurs religions… Ils donnent une autre lecture du monde et soufflent un enchantement sur vos existences qui prennent tout à coup un sens qui s'inscrit dans l'éternité. Cela fait tant de bien à beaucoup d'entre vous.

— Je retiens de notre rencontre, que Dieu existe ou pas, que je suis le fruit d'une sélection héritée de millions de générations sans cesse challengées par un environnement mouvant et parfois hostile. Chacune de mes cellules porte en elle le souvenir de LUCA, cette cellule ancestrale commune à tous. Cela fait de moi le parent, le cousin plus ou moins éloigné de toutes formes de vie sur Terre.

— C'est cela même, Thierry…

— Entre ce premier hominidé, apparu il y a 7 millions d'années, et moi, il y a 1 200 000 générations, dont 14 000 générations depuis l'apparition de l'Homo Sapiens.

— Cela doit rendre chacun de vous humble sur sa place au sein de ce « miracle »…

— Certes et autant dire que mon pauvre arbre généalogique familial, qui ne compte que 40 générations avant ma venue, semble bien maigre vis-à-vis de cette immense hérédité.

— Vous n'êtes pas que des passeurs de gènes. Vous avez une culture, un art de vivre, une tradition qui se transmet à travers vous.

— Je suis totalement d'accord avec toi. Contrairement à ce que souhaitent les partisans de l'uniformité, je me sais dépositaire d'une transmission qui me vient de ma famille et de mon environnement. Par leur éducation, leurs valeurs, leurs luttes et leurs gènes, ils font de moi ce que je suis aujourd'hui. Je sais qu'il y a en moi quelque chose de ces lointains et pourtant si proches membres de ma galerie d'ancêtres : chevaliers de Sufferte, vicomtes de la Brangelie, philosophes, mousquetaires, pirates, corsaires, grognards de Napoléon, soldats de Louis XIV, Louis XV ou Napoléon III à Solferino, paysans de la Haute-Loire, poilus de Verdun, paysans et contrebandier catalans, agriculteurs et chevaliers cathares occitans, résistants des années sombres, officiers de marine. Et jusqu'à mes parents dont les gènes vivent en moi après qu'ils ont pris la grave responsabilité de me mettre au monde, me jetant ainsi dans l'existence alors que je n'avais rien demandé. Je te sais donc gré, Eugène, de m'avoir montré ou rappelé tout cela. Je serais sacrément ingrat de ne pas savoir savourer cette « magie ».

— C'est une fierté pour moi de te voir ému par toutes ces merveilles. J'ai bien fait de t'aborder.

— Oui, je m'extasie sur le spectacle dont nous sommes acteurs et spectateurs. Merci pour tes éclairages. Sur des siècles, tous, de LUCA à notre génération de ce début du XXIème siècle, nous partageons ce vaisseau commun qu'est la Terre. Il nous entraîne en tournoyant par sa rotation sur lui-même à 1700 km/h ! Soit 440 mètres par seconde. Pfiouuu ! Ça décoiffe !

— Dans cette même seconde, nous avons parcouru ensemble 39 km sur notre orbite autour du soleil. Que le soleil, en nous entraînant dans sa spirale au sein de notre galaxie, nous en a fait parcourir 200 dans le même laps de temps.

— Autant dire qu'il nous faut aimer la vitesse, même si elle est imperceptible ! Car notre voie lactée fonce à 90 km/seconde vers Andromède et que cet ensemble de deux galaxies migre dans l'espace vers le super amas de l'Hydre et du Centaure à 600 km/seconde ; et il existe certainement d'autres déplacements à des vitesses et des échelles qui nous dépassent dans cet univers en expansion.

— Oui, c'est un manège qui paraît très faussement immobile à vos yeux… Le manège de l'Univers. C'est à se demander comment tu tiens debout sans te cramponner au tronc de ce tilleul. Hi hi hi !

Je ne relève pas sa nouvelle taquinerie.

— Chaque jour, je me réjouis et je remercie Dieu, la destinée ou le hasard de m'avoir donné la vie. Porteur d'une si longue et si incroyable hérédité, je savoure chaque instant la chance d'être là et de participer à mon très humble niveau à la mélodie du monde sous le regard, ou pas, d'un Dieu qui se fait bien trop discret à mon goût.

— Vous êtes soumis dans la durée, génération après génération, mutation et évolution après mutation et évolution, au rythme immuable de la naissance et de la mort.

— Ah… La mort. Ce sujet qui occupe tant nos esprits. Encore la semaine dernière, j'ai rendu visite à mes aïeux au cimetière dans le village.

— C'est une terrible chose que je n'aurai jamais à faire. Toutes ces émotions me resteront inconnues, comme l'amour… Raconte-moi, s'il te plaît.

— Un Mistral assez fort soufflait depuis le matin. Du coup, l'ambiance était devenue plus respirable et un peu plus fraîche. Le ciel azur était totalement dégagé. Ici, l'air asséché par ce vent du nord est d'une exceptionnelle et totale transparence, donnant ainsi à la Nature des contrastes et des reflets scintillants. Il n'y a qu'ici que l'on retrouve une telle luminosité vibrante et animée. Les peintres ne s'y sont pas trompés, Eugène, en posant leurs chevalets dans cette région entre les pins et les oliviers ! Le soir descendait alors sur le village médiéval. À l'heure où les ombres s'allongent avant de finir dévorées par la nuit qui s'avance, je me suis dirigé, comme tant de fois depuis mon enfance, vers la dernière demeure de mes grands-parents et de leurs ascendants.

— Tu sembles ému…

— Ce dont je te parle t'est étranger. Tu n'as jamais été lié et attaché à une famille ou des amis. Tu n'as jamais eu à pleurer quelqu'un. Moi, j'ai parcouru si souvent ce chemin. En famille, les jours de deuil, en pèlerinage, seul, avec ceux qui m'ont précédé et qui y sont à demeure maintenant, et depuis quelques années avec ceux qui me succéderont et qui m'y mettront en terre.

— Je te trouve bien nostalgique tout à coup.

— Non, enfin, peut-être… Assez étrangement, j'aime ces moments où, solitaire, je retourne dans les cimetières de mes ancêtres, que cela soit ici, à Cessenon en Occitanie du côté de ma mère, ou à Grimaud pour mes grands-parents paternels. Ces derniers, des tropéziens de la vieille école, ont voulu, en installant leur caveau dans ce beau village perché au-dessus du golfe, échapper aux touristes qui visitent le cimetière marin de Saint-Tropez et y font parfois la « fête », comme ils le font sans vergogne à la citadelle, à la Ponche, au Byblos ou chez Sénéquier.

— Votre côté un peu « foufou » et insouciant parfois qui ne respecte rien.

— Certes, mais malgré son attachement à la vieille cité provençale du bailli de Suffren, mon grand-père, officier dans la marine et résistant, avait une notion très claire du devoir et de ce qui se fait et ne se fait pas. Il ne pouvait supporter ce mélange des genres. Pour lui, l'éternité se concevait au calme.

— Tout dépend de ce que l'on appelle l'éternité une fois que la vie vous a quittés.

— Effectivement, mais il y a un certain mystère à préserver dans le silence de nos dernières demeures, je crois. Encore aujourd'hui, quand je pénètre dans le cimetière. La porte grinçante et les deux têtes de marbre drapées d'un linceul qui encadrent l'entrée m'impressionnent presque autant que lorsque j'étais enfant. Je repense à l'Enfer de Dante dans sa Divine Comédie : « Vous qui entrez ici, abandonnez tout espoir ». Et pourtant, une fois dedans, isolé du monde, bercé par le chant des cigales, un sentiment paisible m'envahit à chaque fois. À l'ombre des hauts cyprès, les croix de marbre et les chapelles des anciennes riches familles dégagent une ambiance propice à la réflexion et à la sérénité. Tu sais Eugène, les cimetières du sud ont un charme lumineux et chaleureux difficilement explicable.

— Pourtant, les habitants du lieu, comme dans tous les cimetières du monde, doivent être plutôt du genre calme et ne doivent pas contribuer à une ambiance festive.

— Evidemment. D'ailleurs, j'ai toujours imaginé ce lieu avec en fond, l'Adagio d'Albinoni ou le Requiem de

Mozart. Au lieu de cela, quand je m'y rends, c'est le crissement de mes pas sur le gravier qui résonne dans ce cadre paisible où seules, au loin, de vieilles dames en noir viennent sur la tombe d'un être aimé qu'elles rejoindront un jour.

— Je les imagine : avec leur petit arrosoir, elles donnent à boire à des fleurs desséchées après une journée brûlante d'été. Quand vous ne pouvez plus servir à boire à vos défunts, vous faites boire leurs fleurs. La seule manière pour vous de prendre encore soin d'eux.

— Ça te fait rêver d'arroser des fleurs ? Avoue !

— Oui, c'est vrai, j'aurais préféré sortir du robinet d'un cimetière ! Mais toi, qu'y trouves-tu dans les cimetières ?

— Le reflet de notre condition d'hommes. Ce chemin dans les allées, qui m'a été odieux quand j'y suis venu pour accompagner lentement au son du glas ceux que j'ai aimés et que j'aime encore par-delà la mort, est un fabuleux lieu de mémoire et de racines, propice à la méditation et à la réflexion. C'est le dernier point de cristallisation de souvenirs partagés. Ici se trouvent les dernières preuves matérielles de ces existences évanouies. Ces os qui reposent sous la pierre sont les derniers reflets des mains que j'ai tenues, des bras qui m'ont serré, des visages que j'ai embrassés.

— Oui, ce sont sous ces dalles que reposent les ADN qui te composent en cette formule secrète qui fait l'unicité de chaque naissance. Un lien étrange et profond vous lie à ces personnes dont certaines sont mortes avant votre naissance. Tu as en toi le même chromosome Y qui se transmet de père en fils depuis des générations dans ta lignée agnatique. De même, dans tes mitochondries, règnent les mêmes gènes que ceux de ta généalogie cognatique maternelle.

— J'aime marcher calmement dans l'odeur suave des airs du sud car il y a toujours un figuier de l'autre côté du mur qui nous distille ses effluves sucrés. J'apprécie de passer là où mes aïeux sont venus envisager leur propre mort. Je me souviens de leurs discussions et de leurs galéjades. C'est si loin tout ça. Ils prévoyaient des parties de cartes acharnées avec leurs amis qui avaient pris soin de s'installer comme voisins de sépulture. Dans des scènes dignes de Pagnol, ils ont anticipé mentalement leur propre mort dans ces allées qu'ils ont parcourues, comme je le fais moi-même aujourd'hui.

— Vos générations humaines et animales s'écroulent dans la fosse les unes après les autres. Comme sur un tapis roulant qui se déroule sous vos pieds, vous voyez le précipice se rapprocher.

— C'est effrayant parfois. Je me souviens d'un crâne qui se trouvait à l'entrée de l'ancien hôpital de Sienne en Toscane. Sous le crâne de ce défunt mort qui nous fixait avec ce sourire sardonique inhérent à tout squelette, il y avait une locution latine qui disait ceci : « J'ai été ce que tu es. Tu seras ce que je suis. »

— Voilà qui doit vous rendre humbles…

— L'insouciance, la vanité et la suffisance nous servent souvent de rempart. Pour éviter cela, je conserve en moi cette sentence toscane, comme une sorte « d'esclave du triomphe ». Ces esclaves des empereurs romains qui au moment de leur gloire, lors du défilé du triomphe au milieu d'une foule en liesse, leur susurraient « N'oublie pas que tu n'es qu'un homme et que tu es mortel ».

— Je sais que, chez vous, une mode se fait jour dans le marché de la mort : la crémation. Manque de place ? Peur de nourrir les asticots ? Mépris pour vos enveloppes charnelles qui pourtant ont été tout pour vous à l'heure de votre existence ?

— Je ne sais pas, Eugène. Mais c'est vrai qu'il devient tendance de nous réduire en cendres, c'est-à-dire d'anéantir les corps de ceux qui furent aimés. Aujourd'hui, je ne souscris pas trop à ce choix qui consiste à faire disparaître ceux dont nous sommes issus. C'est pour moi détruire à jamais les preuves d'une existence que seul un cadavre recèle. C'est presque comme faire mourir une seconde fois la personne qui vient de passer de vie à trépas. Elle disparaît à jamais. Regarde comme nous nous extasions devant le fait de retrouver les squelettes du passé de nos ancêtres, sur les champs de batailles ou dans les alluvions d'Afrique pour les plus éloignés. Si cela devait se systématiser, cela reviendrait pour les générations à venir à détruire leur histoire. Je ne souhaite pas que mes descendants vivent dans un monde sans racines.

— Et pourtant les atomes qui te composent t'appartiennent si peu et n'ont été que de passage dans ton écorce. Alors à quoi bon vos cimetières ?

— À quoi bon ? Parce que j'aime marcher calmement dans ces lieux de l'extrême et du définitif. Dans ces enclos de pierres séchées se trouve enfermé, hors du temps, le cadre de la fin des histoires. Des histoires des individus, des familles, des amours, des amitiés et même des haines, des jalousies et des rancœurs. Un vieillard qui meurt, c'est comme une bibliothèque qui brûle, dit un proverbe africain.

C'est ici que les cendres de tous les livres de toutes les bibliothèques qui ont brûlé se retrouvent. Pour moi, Eugène, chaque nom gravé symbolise un ensemble de souvenirs, de savoirs et de cultures, représentatifs d'une époque aujourd'hui révolue.

— Ah oui ? Ça me dépasse tous ces états d'âmes…

— Tu ne pourras jamais vraiment nous comprendre tant la mort est absente de tes perspectives ! En ce qui nous concerne, nous voyons pour chaque personne couchée là, des images de la vie quotidienne : des fêtes de village, des mariages en fleurs, des parties de pétanques avec les copains, des paroles envolées, des éclats de rire, des moments de tendresse et d'amour, de colère, de peur...

— Toute l'humanité est là, rendue à la poussière.

— Oui, tous ces gens ont cru inconcevable d'être un jour étendus ici et ils le sont... La vie, c'est le passage sur Terre ; la mort, c'est le passage sous terre. Nous le savons mais nous ne le conceptualisons pas. Nous étudions la vie des « grands hommes » qui participent à l'Histoire en tentant de la faire, mais chaque biographie de ces humbles personnes ici-bas serait aussi riche de toute leur humanité.

— Ah oui… Vos fameux « peoples » ! Pourtant la vie d'un roi ou d'un empereur n'est pas plus instructive que celle d'un homme anonyme. C'est toujours une existence que tous les accidents de la vie concernent, car elle y est sujette.

— Ces lieux de sépultures ne changent pas. Ce sont les souvenirs des gens qui s'estompent et de nouveaux noms qui se gravent, année après année. Beaucoup sont là depuis longtemps. La mémoire du son de leur voix s'étouffe avec le temps, le souvenir de leurs traits s'émousse jusqu'à disparaître quand les dernières personnes qui les ont connus viennent les rejoindre dans le marbre.

— Et donc pour vous, le souvenir de tout homme banal s'estompe dans la course du temps jusqu'à un oubli total imposé par un progressif évanouissement ?

— Malheureusement, c'est comme ça. Nous ne partageons avec nos contemporains que des tranches, jamais assez épaisses, d'existence, coincées entre un néant d'avant dépourvu de mémoire et un mystère d'après qui reste l'ultime aventure au moment de rendre l'âme. Certains n'y voient qu'un néant d'après, tout aussi vide et sans mémoire que celui qui a précédé leur naissance ; d'autres croient dans une éternité bienheureuse.

— Qui sait ? Des milliards d'humains se sont interrogés et sont morts dans cette incertitude. La mort est pour vous un dernier grand saut dans l'inconnu.

— « Acta est fabula » a dit Auguste sur son lit de mort, tout comme les acteurs latins le clamaient à la fin de leurs pièces. Les cimetières sont les loges de l'après spectacle terrestre. Peut-être en entamons-nous un autre, une fois arrivés de l'autre côté du miroir ? Ici, la religion se frotte à la science et à la philosophie pour tenter de percer l'ultime secret. Au seuil de la fosse, les scientifiques vont échanger des explications plus ou moins convaincantes sur les « expériences de mort imminente », les NDE des anglo-saxons (Near Death Experience). Les religions, fortes d'une foi absolue, offrent une conviction qui n'a besoin d'aucune preuve tangible sous réserve qu'on y adhère. Et la philosophie qui est un travail ardu et quotidien pour ne plus craindre cette inexorable échéance.

— Quel courage il vous faut face à ce mur sombre et mystérieux de la fin de vos existences ! J'ai vraiment de plus en plus de compassion et d'estime pour vous.

— Je m'interroge toujours sur cette ultime échéance quand j'arrive près du caveau familial. Il est simple et sans fioriture, comme l'étaient les hommes et les femmes qui l'habitent aujourd'hui. J'ai une profonde tendresse pour ces noms gravés là et dont la fine dorure commence à s'effacer sous les lichens qui prospèrent. Je ne les ai pas tous connus mais ils ont tous contribué à ce que je suis maintenant. Il y a là plusieurs générations. Des arrière-grands-parents, oncles, tantes, cousins et cousines éloignés. J'ai une affection toute particulière pour Anne, Rose, Marcel-Antoine et Richard, mes grands-parents ; mon oncle Jacques qui a préféré l'incinération n'est pas là. Ils me manquent encore bien souvent et leurs souvenirs restent bien vivaces et chaleureux en comparaison avec le froid et le calme marmoréen de leurs sépultures.

— Tu te demandes ce qu'il reste d'eux ?

— Oui…une vaste interrogation. Mais je ne peux m'empêcher de sourire en regardant ces allées où se glissent des lézards. Je me remémore nos jeux de gamins la nuit dans ce cimetière. Nous venions avec les enfants du village jouer ensemble après le dîner familial, une fois l'obscurité ayant envahi les lieux. À l'écart du village, au milieu des croix fantomatiques et des ombres mouvantes sous la lune, nous nous lancions des défis pour tester notre courage ou chercher des feux follets. Nous en faisions le tour en solitaire, chacun notre tour. Il fallait bien contrôler son esprit pour ne pas le laisser divaguer vers l'effroi et le paranormal.

— Vous êtes sacrément espiègles les humains ! Un rien vous amuse pour exorciser vos angoisses.

— Nous nous empressons de rire des choses avant d'avoir à en pleurer, disait Beaumarchais. Mais aussi fanfaron qu'on soit, un cimetière la nuit, il n'y a rien de tel pour que l'imaginaire se mette en marche et que l'angoisse l'emporte sur la raison et le rationnel. Même le plus athée des libres penseurs ne pourra pas s'empêcher de sentir un frisson le parcourir lorsque la porte d'une chapelle, grand tombeau des familles riches du siècle passé, grincera sous l'effet d'un vent que l'on ne ressent pas...

— Et vous arriviez à voir des fantômes ? Les draps blancs, les chaînes et les cris lugubres ? Hi hi hi !

— Non, mais pour certains, la vue des feux follets leur donnait, pensaient-ils, la preuve de la survivance de l'âme. Je ne sais pas si autour de moi volettent les esprits des défunts. Libérons-nous une âme, un esprit, lorsque l'agrégat moléculaire transitoire qui nous a été prêté dès la fécondation est rendu à notre mort ? N'être qu'un amas de chair biologique et pensant, tristement transitoire entre deux néants, celui d'avant et celui d'après pourrait être, pour certains, source d'une redoutable et angoissante désillusion face à ces croix de marbre et ces noms gravés. Pour beaucoup, cela viderait de sens tout ce qui est la vie et la conscience.

— Quelle tristesse ce serait pour vous !

— Dans cette recherche de transcendance, il y a des territoires frontières pour tenter de percer le mystère et comprendre ce qu'il y a au-delà de ce que nous montrent nos cinq sens et notre modeste intelligence. Tenter de mettre au jour cet ordre caché derrière l'apparence des choses peut se faire dans des zones où les faits dépassent notre entendement et relèvent d'une forme de physique non résolue ou de métaphysique.

— L'une de ces frontières, la plus scientifique, nous renvoie à nos origines communes, Thierry : le mur de Planck dont nous avons parlé tout à l'heure et l'origine de l'Univers qui se cache derrière.

— Et la seconde, Eugène, celle qui se joue dans nos sarcophages et qui t'est étrangère : la mort ! Les gens qui sont couchés là ont passé la frontière. Ils savent ce qu'il y a derrière. Ils y sont : néant, esprit, âme errante, fantôme, Champs Élysées, Éden, réincarnation, Dieu, le Diable, Thanatos, etc. ? Quoi qu'il en soit et même dans l'hypothèse la plus optimiste, quel dommage de devoir employer un corbillard pour rejoindre le Paradis…

— Je comprends donc pourquoi ce passage vous fascine tant… Et toi, qu'imagines-tu derrière cette frontière ?

— Je me plais à croire qu'il y a quelque chose de nous qui reste quand le corps et l'esprit n'ont plus la force de maintenir l'élan vital qui caractérise la vie. Si j'ai raison, je souhaite à toutes ces âmes qui m'ont précédé d'avoir quitté ce lieu pour rejoindre un « Éden ».

— Faire de l'Homme l'objet d'une volonté lui promettant un rôle particulier et un avenir impérissable, avec une âme et peut-être un corps dans une vie d'après, vous rassure, non ?

— Mais ce n'est pas ça qui me pousse à le croire. Sans chercher à développer et à convaincre quiconque, c'est une intuition qui me guide. Ce sont des ressentis et des expériences personnelles qui me font croire en une transcendance. Au pire, si je me trompe, nous nous endormirons d'un sommeil définitif et sans rêve, il n'y a pas de quoi avoir peur non plus… Ça ne sera pas plus douloureux que les très longues années que nous avons passées, absents de cet univers avant notre naissance. La survie dans un autre monde avec le jugement d'un Dieu qui saura tout ce que tu as fait de bien et de mal est presque plus inquiétant à mon sens…

— Dois-je en déduire que tu n'as pas toujours été irréprochable, Thierry ? Hi hi hi…

— As-tu connu un homme qui l'a été, Eugène ?

— Certains plus que d'autres en tout cas. Ça, c'est sûr.

— Il y a bien pire que moi, mais je te confirme que je ne me pose pas en modèle de sainteté et que j'espère une transcendance pleine de mansuétude et d'indulgence pour nos faiblesses humaines.

— Je te le souhaite…

— Je verrai bien le moment venu. Pour l'instant, je profite de ce lieu splendide et riche d'une quiétude que je ressens rarement dans l'année. Regarde dans la délicieuse et chaude lumière crépusculaire de cette soirée occitane, le chant d'amour des cigales est encore vibrant et quelques hirondelles zèbrent l'azur à la recherche de leur pitance. J'aimerais arrêter le temps. Maintenir ce moment de paix et d'ataraxie à discuter calmement avec toi, Eugène.

— Le temps… Voici votre ultime assassin. Car, même en imaginant échapper à la fatalité, aux accidents, à la maladie ou à la folie des hommes mauvais, il restera votre ultime prédateur.

— Ça, c'est certain ! Si une infortune avanie ne vient pas nous faire mourir avant la fin de notre vie, alors, lui se chargera immanquablement de nous faire passer de vie à trépas le moment venu.

— Eh eh ! Alors qu'il glisse sur moi, le temps vous tue tout doucement heure après heure. Il s'écoule paisible et sournois.

— Sadique ! Quelle drôle de chose que ce temps tout de même… Saint Augustin disait : « Qu'est-ce donc que le temps ? Si personne ne me le demande, je le sais ; mais que je veuille l'expliquer à la demande, je ne le sais pas ! » Et c'est tellement vrai… La seule chose dont je suis sûr aujourd'hui quand je me regarde dans un miroir, c'est que le temps, c'est de l'argent…sur les tempes !

— Ne t'en fais pas, ça te va bien ! Hi hi !

— Tu la veux ta fleur, que tu me flagornes ainsi ! Avoue, gredin !

— En fait, le temps est une sorte d'évidence qui vous est familière constamment à l'œuvre partout. Vous baignez dedans, secret et silencieux, et vous ne le comprenez pas.

— C'est pourtant une notion qui plane et s'insinue dans toute notre poésie, la philosophie et la littérature : la vie est brève, les amours éphémères et la mort inéluctable. Voilà en synthèse deux mille ans de romances humaines plus ou moins poétiques.

— Il vous est invisible, éloigné de tout instrument empirique. C'est l'une de vos limites d'ailleurs. La profonde intimité du temps vous échappe.

— Déjà, quand nous pensions, comme Newton, que le temps était absolu et universel, s'écoulant régulièrement et en tout lieu pareil, ce n'était pas simple, mais depuis la théorie de la relativité, cela s'est compliqué considérablement. Maintenant nous savons que nous vivons chacun avec notre propre horloge et cela devient un vrai casse-tête. Nous évoluons dans un espace dont l'écoulement, l'élasticité et la « dilatation » du temps dépend de notre vitesse et des gravités auxquelles nous sommes soumis. Le temps est devenu un peu plus irréel en même temps qu'un peu plus personnel. Je crois que ce paragraphe d'une lettre de condoléances qu'Einstein, à la fin de sa vie, écrivit à la famille de son meilleur ami, résume bien la pensée scientifique actuelle sur le temps : « Voilà qu'il m'a de nouveau précédé de peu, en quittant ce monde étrange. Cela ne signifie rien. Pour nous, physiciens dans l'âme, la séparation entre passé, présent et avenir, ne garde que la valeur d'une illusion, si tenace soit-elle. »

— Voilà, votre criminel ultime se serait qu'une illusion ? Parfois, il doit être ludique pour vous de vous interroger sur l'identité de votre assassin : quel âge le temps a-t-il ? Depuis combien de temps y a-t-il du temps ? Depuis la nuit des temps ? Hi hi hi…

— La plupart des scientifiques disent qu'il est apparu avec le Big Bang il y a 13,7 milliards d'années en même temps que l'espace et la matière. Depuis cette origine, le temps passe son temps à passer entraînant avec lui dans sa valse mortelle des générations d'êtres vivants et d'hommes.

— Le temps est sournois car impalpable. Le mouvement de la trotteuse d'une montre ou le tictac de vos coucous ne vous montrent pas le temps. Ce sont des mouvements réguliers conçus par les hommes sur la base d'un calibrage arbitraire et rythmé par le temps et qui donc le matérialise. Mais ce n'est pas le temps. Le temps loge hors de l'horloge.

— Pas facile à trouver donc ce meurtrier qui nous prend à la gorge dès la naissance et serre progressivement son étreinte. Même notre cerveau est un très mauvais chronomètre, sujet aux humeurs, aux états d'âmes et à la subjectivité. Le philosophe Cioran pensait voir le temps dans l'ennui : « S'ennuyer, c'est chiquer du temps pur ». Le temps, c'est ce qui passe quand rien ne se passe. Ce n'est pas faux. C'est là peut-être qu'il est le plus palpable et le plus dense. J'aime tuer le temps, et lui prend plaisir à me tuer à son tour.

— Une belle association de meurtriers somme toute ! Comme là, dans la garrigue, la course plongeante du soleil rougeoyant, les ombres longues et tournantes des cyprès et des pins vous montrent qu'il y a quelque chose de fluide qui s'écoule... mais non ! Ce n'est pas le temps ! Ce n'est que la rotation de la Terre ! Décidément, vous n'arriverez donc pas à comprendre ce qu'est le temps.

— Alors qui comprend le temps ? Il faut s'imaginer un Dieu hors du temps au sens où il verrait l'intégralité de l'espace-temps. Le passé, le futur et le présent partout et en tout lieu. Là, peut-être que la compréhension du temps à cette échelle est possible ? Ou alors, qui sait, peut-être que la mort nous libère de son emprise ? Il est possible que tous ces disparus, mes grands-parents, oncles et tantes soient maintenant hors du temps et le voient à l'œuvre sans plus en subir les effets tels des observateurs d'une expérience dont ils ne sont plus partie prenante ?

— Sous vos croix, vous franchiriez le mur du temps ?

Je reste silencieux. Dans le lointain, j'entends le son de la cloche du village qui vient de sonner les six coups. Je repense à ce vers de Lamartine dans Le Lac : « Ô temps ! Suspends ton vol ». Alors que le clocher égrène le temps dans le soir qui vient, j'aimerais tant que la supplique de Lamartine soit entendue. Je crois que le double sens du mot vol donne toute la portée de ce vers. Vol, au sens de celui d'un oiseau qui plane et s'écoule dans l'air sans halte ni repos et qui exprime le passage constant. Et puis vol, au sens de voleur. Le temps nous vole tout. Nos moments heureux, notre jeunesse, nos êtres chers et notre vie. En volant, il nous prive de l'éternité, en nous volant, il nous subtilise nos moments de bonheur et notre existence.

— Quoi qu'il en soit Eugène, cet inconnu qu'est le temps restera toujours plus fort que nos désirs et nos vies et plus puissant que nos rêves.

Les branches du tilleul et des pins parasols sont balancées par une petite brise chaude venant du sud. Leurs ombres dansent sur le sol brûlant. Les amandiers, aux troncs gris tordus sur d'antiques douleurs, semblent suffoquer dans le champ.

— Ça ne doit pas être très gai d'aller traîner dans les cimetières quand on se sait mortel !

— Aller dans un cimetière c'est reprendre contact avec l'impermanence des choses. Ces croix, inconsciemment, nous apportent un frisson qui nous confirme que nous ne sommes que de passage. Un passage plus ou moins long avant le grand saut qui s'approche minute après minute sans connaître la quantité restante.

— Ah ? Car vous ne savez pas que vous êtes mortels ?

— Si, nous le savons pourtant que nous ne sommes que peu de chose et qu'il suffit d'un rien pour quitter l'existence et tout ce qui en fait son sel. Mais nous faisons tout pour l'oublier. J'ai perçu plusieurs fois la précarité de nos destins. J'ai déjà croisé la mort, celle des autres, la mienne aussi. Je l'ai même vue de près parfois. En plongée, en planeur où je me suis fait de belles frayeurs, en alpinisme, au large du Soudan où de sympathiques bandits locaux nous prenaient pour cible à la kalachnikov depuis la côte. La lame de la faux n'est encore pas passée loin il y a peu lors d'un accident de voiture dont je n'aurais pas dû sortir indemne. Pourquoi m'en suis-je sorti ? Pourquoi d'autres y restent ? Difficile de trouver un sens à ces choses…

— Chez vous, la maladie, l'accident, ou tout autre façon de mourir relève toujours d'un côté imprévisible. On ne sait jamais comment la mort va vous surprendre. J'ai constaté ces aléas maintes fois.

— Oui, il y a des cas fameux dans l'Histoire : le roi Charles VIII en se cognant contre le linteau d'une porte. Eschyle qui reçut une tortue sur la tête qu'un aigle venait de lâcher. Le président Félix Faure mort dans les bras de sa maîtresse et tant d'autres exemples nous montrent la fragilité de nos existences, et parfois le ridicule de nos fins. Il nous faut avoir en tête que nous ne savons jamais quand nous voyons les gens pour la dernière fois. De même, il nous faut profiter pleinement de faire ce que l'on aime car nous ne saurons pas toujours voir l'ultime fois où nous le ferons.

— Voilà de quoi augmenter l'intensité de vos sentiments, de vos plaisirs et de vos joies. Profiter de la vie comme un affamé de nourriture. Je retrouve bien là vos côtés jouisseurs et gourmands d'humains avides de plaisir avant le grand saut.

— Avides, je ne sais pas… Mais une ferme volonté de profiter du peu de temps que nous avons en développant un recul serein sur ces ultimes échéances, oui. Car si on ne choisit ni l'heure de notre mort, ni la manière dont on va mourir, on peut tout de même, par un travail personnel, tenter de choisir la façon dont on va lui faire face le moment venu.

— Ça, je le sais ! Hi hi hi… Ce n'est qu'à votre dernière heure, dans ce moment final, où seuls avec vous-mêmes face à votre destruction, que vous saurez si vous êtes prêts ou pas à franchir le pas avec dignité. Parce que j'en ai vu des fanfarons qui s'effondraient une fois condamnés. Et des êtres timides et réservés se comporter en « héros ».

— Je sais qu'il n'y aura plus moyen de feindre dans ce face à face avec la Grande Faucheuse. C'est là que l'on verra notre vrai courage. C'est là aussi que l'on saura si nos belles paroles viennent de la bouche ou du cœur.

— Il vaut mieux garder une certaine modestie sur le sujet et ne pas surestimer votre force d'âme lorsque vous y serez, crois-moi. J'en ai trop vu…

— C'est certain. Je n'ai aucune prétention me concernant sur ce sujet. Toi, tu fais le malin car tu ne crains rien. Pour nous, c'est beaucoup plus difficile. Car nous manquons d'expérience pour avoir des certitudes sur nos propres réactions. On ne se prépare jamais à mourir car il n'y a pas d'entraînement. Nous sommes tous mortels. On le sait mais on n'y croit pas au fond. Woody Allen le dit avec humour : « Je n'ai pas peur de la mort mais je préfèrerais ne pas être là quand ça arrivera ». Comme le dit Montaigne dans ses merveilleux Essais, il est préférable de connaître et d'affronter la certitude de notre mort.

— Pourquoi affronter un visage aussi laid du temps de son vivant ?

— C'est que celui qui a appris à mourir a désappris à servir sa peur et se retrouve donc libre.

— Ce qui veut dire que tant que les hommes mourront, philosopher, pour vous, sera apprendre à mourir. C'est une manière de vous entraîner à accepter et à ne plus craindre la mort.

— Moi, je préfère me dire que la philosophie, c'est d'abord d'apprendre à vivre bien et à exister sans regret quand l'heure du bilan sonnera.

— En quoi le fait de savoir que vous allez mourir doit-il vous inviter à mieux vivre et donc à philosopher ?

— Pour Socrate ou Nietzsche, la vie n'est qu'une maladie dont la mort est la guérison, pour passer à la vraie vie d'après. Incorporer le sentiment de sa mort dans sa vie, c'est gagner une plus grande liberté et une bien moindre angoisse au quotidien. Beaucoup tentent d'oublier la mort dans les futilités. C'est ce que Pascal appelle « le divertissement ». Et pourtant, le divertissement pascalien ce n'est pas oublier la mort. Car à vouloir essayer d'oublier la mort quotidiennement, cela revient finalement à y penser tout le temps. En tentant de la rejeter au loin, ils ne s'y acclimatent jamais et ne se familiarisent jamais avec sa présence. Ce sont ces angoissés de la mort qui ne supportent pas le silence, la nature sauvage, l'obscurité, la solitude et la simple réflexion sur ce sombre sujet.

— Ils veulent oublier qu'ils vont mourir, alors, ils cherchent une insouciance bestiale ?

— Exactement ! Ils vont, ils viennent, dansent, courent, se jettent à corps perdu dans leur travail, s'assourdissent de musiques, s'enivrent d'alcool ou de médicaments. Pourtant, à l'instar de Montaigne, il est inutile de fuir puisque cet ennemi est incontournable. Même si ce n'est pas facile, apprenons à lui faire face. Accoutumons-nous à la mort. Au milieu des fêtes et de la joie, gardons en tête notre condition. Soyons comme les égyptiens antiques qui, lors des banquets, plaçaient un squelette dans la salle des réjouissances pour leur servir d'avertissement.

— Vous ne savez pas où la mort vous attendra, alors attendez-la partout. C'est ça ?

— Oui ! Habituons-nous à sa venue certaine à un moment ou à un autre. Ne plus craindre la mort, c'est ne plus être esclave. C'est devenir libre. Il nous faut accepter de nous détacher, non pas de la vie, mais des choses qui nous attachent à la vie. Tenter d'accepter que la mort viendra toujours trop tôt dans une vie que l'on pensera de toute façon inachevée.

— La mort finalement est votre école de vie.

— Voilà pourquoi dans un cimetière, incarnation du fait que rien ne dure, on retrouve la saveur des choses et des instants précieux.

— La mort est un évènement prévisible qui vous stupéfie toujours. J'ai toujours l'impression que votre propre mort vous paraît impossible.

— Un monsieur Jankélévitch a écrit un énorme livre pour nous dire qu'on ne peut pas se préparer à mourir et pourtant Montaigne l'a fait. Nous pouvons donc y travailler aussi. Et qui sait, pour ce faire, peut-être que la Nature ou Dieu, chaque jour, nous aide à nous projeter dans ce basculement en nous ayant donné le sommeil ? Fils de Nyx (la Nuit), Thanatos (la mort) est bien le frère jumeau d'Hypnos (le sommeil) !

— En effet, dans vos existences, le sommeil semble une bonne métaphore de ce passage…

— Nous apprenons peut-être ainsi de la vie, au fil de ce rythme veille / sommeil, qu'elle nous a conçus aussi bien pour vivre que pour mourir. C'est ainsi, Eugène, que Socrate disait que la mort n'est qu'un long sommeil sans rêve.

— Un long sommeil qui progressivement vous fait disparaître de la mémoire de ceux qui sont encore éveillés…

— J'y pense à chaque fois que je quitte mes chers disparus. Lorsque je retourne vers le monde des vivants et que je sors de ce champ du repos, je sais que dans deux générations, ils seront oubliés…

— Toi aussi, tu seras oublié.

— Oui, moi aussi. J'y pense souvent lorsque je reviens vers la grande porte. Alors que je marche seul avec le seul bruit de mes pas résonnant sur le gravier, sur de vieilles tombes, je vois des noms qui s'effacent. Certains sont morts au milieu du XIXème siècle. Plus personne aujourd'hui n'a croisé des proches les ayant connus. Plus rien ne nous rappelle qui ils ont été. Je repense à mon arrière-grand-père, mort jeune de la tuberculose alors qu'il était Dragon à Carcassonne. Il a été enterré sur la place du village de Cessenon, près de l'église où le cimetière se trouvait à l'époque. Il voit maintenant passer au-dessus de sa tête tous les mariages, les bals, lotos, fêtes et compétitions de pétanque de la commune depuis plus de cent ans. Mais qui se souvient encore qu'il est là-dessous et surtout qui il était ?

— Pour moi le XIXème siècle, c'était il y a une seconde ! Hi hi hi !

— Pour nous, c'est il y a une éternité. Leurs traces s'effacent lentement. Il y a pourtant en terre ici sûrement d'anciennes gloires locales, voire nationales, passées. Il y a des maires, députés, un animateur radio, des personnes qui devaient paraître incontournables pour le village.

— Vos fameux « peoples » ! Hi hi hi ! Vous n'aimez que ce qui brille et pourtant, elles sont déjà oubliées, vos « gloires locales ». Vous rêvez de médailles, paillettes et galons et regardez ce qu'il en reste de vos dorures. Rien !

— Pfff ! Évidemment ! Je le sais bien. Et je suis convaincu d'être très vite oublié aussi. Je rejoindrai la longue liste des obscurs insignifiants inconnus anonymes oubliés et ignorés.

— Tout ça ? Hi hi hi ! Vraiment tu ne seras plus rien du tout alors…

— Non, et je m'en fiche. Pour moi, l'essentiel n'est vraiment pas là. Pour ces ex hommes médiatiques, le temps aussi a fait son œuvre. Le XIXème siècle est finalement très loin et encore proche à la fois si on y regarde bien…

— Si tu le dis… Le temps semble vraiment une notion très relative pour vous. À la fois dans vos pendules mais aussi dans vos esprits et vos souvenirs si peu horlogers.

— Effectivement, nos perceptions temporelles sont assez troubles. Te rends-tu compte, Eugène, que j'ai eu la chance de rencontrer, quand j'avais une quinzaine d'années, un vieux monsieur qui avait dégusté enfant les bonbons que distribuait Eugénie de Montijo lors de ses ballades dans le jardin des Tuileries ?

— Qui est donc cette Eugénie ? Une petite atomette d'hydrogène ? Elle est mignonne ?

J'éclate de rire !

— Ne rêve pas Eugène ! Eugénie était la femme de Napoléon III, Empereur des français et neveu de Napoléon Ier. Elle est morte en 1920 et dans sa jeunesse, elle avait connu de vieux courtisans de Marie-Antoinette. Cela veut dire que ce monsieur à qui j'ai serré la main, avait serré la main d'une impératrice qui avait serré la main de courtisans qui avaient approché Louis XVI. Quand elle est morte, ma grand-mère Rose avait déjà seize ans. Finalement, la Révolution qui nous paraît si lointaine semble tout à coup se rapprocher quand on observe le temps à l'échelle de cette cascade de relations.

— Vu comme ça, c'est sûr ! Mais ce que je constate surtout, c'est que vos cimetières sont peuplés de gens irremplaçables…

— Mais il y a aussi surement des médiocres, des gentils, des méchants. Comme chez les vivants en fait. Et tous sombrent dans l'oubli ainsi que leurs grandeurs et petitesses si humaines.

— J'espère pour eux qu'ils ont été heureux après une vie qu'ils ont considérée comme réussie.

— Il n'y a qu'eux qui pourraient te répondre. Car on ne peut juger de notre bonheur dans l'existence qu'après la mort. Il y a une trop grande variation dans les choses humaines pour savoir avant notre dernier jour si nous avons été heureux et si nous avons eu une vie telle qu'on la souhaitait.

— Vous êtes vraiment attachants, avec vos angoisses. Vous avez vraiment intérêt à rester les maîtres de vos vies. Surtout si vous n'en avez qu'une.

— C'est ce que je médite à chaque fois lorsque je sors de ce dernier lieu de repos. Quand j'ouvre la porte métallique qui grince et qu'à l'extérieur, la vie reprend ses droits, je m'interroge. Alors qu'un tracteur revenant de la vigne passe, qu'un chien aboie et que deux personnes discutent joyeusement près des pieds de tomates qu'ils arrosent abondamment dans leur potager, je me demande : ai-je la vie que je souhaitais ? Que dois-je changer ? Améliorer ?

— Et que te dis-tu ?

— Ah ah… Cela restera mon secret, Eugène.

— Pfff ! Tu n'es pas drôle ! Je croyais que nous étions amis maintenant.

— Hi hi ! À moi de rire ! Chaque homme ne livre toujours qu'une infime part de lui-même…

— Je ne saurai donc pas ce que tu te dis lorsque tu ressors du royaume des morts…tant pis !

— Lorsque je regarde une dernière fois vers l'intérieur du cimetière, j'ai toujours un peu le sentiment de les abandonner à leur solitude. Nostalgie, quand tu nous tiens… Là, sur ce pas de porte entre deux mondes, j'ai l'impression d'être tel un Janus. Voilà le problème des hommes : nous avons toujours un œil qui regarde vers le passé et un autre vers l'avenir, alors qu'il nous faudrait vivre dans le présent. Nous devrions méditer plus fortement les leçons d'Épicure et de son disciple Horace qui, avec son « carpe diem », a résumé parfaitement les choses. Comment bien vivre avant de mourir ? Il nous faut profiter du présent ! « Nous avons deux vies. La seconde commence lorsqu'on a réalisé qu'on n'en avait qu'une » disait Confucius.

— 80 milliards d'hommes ont marché sur ce globe avant vous, et aucun n'a survécu. C'est donc sûr maintenant. On peut le dire sans risque de se tromper : la vie est une maladie mortelle sexuellement transmissible.

— Aucun doute là-dessus ! Mais il y a tellement de joie et de bonheur à grappiller de-ci de-là. La vie est une guerre perdue d'avance mais nous avons tant de batailles à gagner. Il faut donc savourer chaque instant. Comme Sénèque, il ne faut pas laisser les autres prendre possession de notre temps et surtout, savoir profiter de ce monde.

— Et sur ce point, le spectacle qu'il vous donne, le monde ne vous rend pas toujours la tâche facile.

— Oui, la tentation est forte de vociférer ou de nous lamenter sur ce que nous inspirent les images et les commentaires des journaux sur l'état de notre planète et des comportements humains. Si nous pouvons être pessimistes par raison, il nous faut être optimistes par la force de notre volonté. Pour profiter pleinement de ce temps que nous allons passer là, de ce côté-là du mur du cimetière, il nous faut trouver dans l'ambivalence du monde qui nous entoure des sources de bonheur profond et d'enthousiasme.

— Ce monde, dans lequel tu te plonges, Thierry, depuis ta naissance, est à la fois empoisonné par le mal et la souffrance mais aussi délicieux par le bonheur et le plaisir qu'il vous procure, me semble-t-il.

— « La vie, ce n'est pas d'attendre que l'orage passe, c'est apprendre à danser sous la pluie », écrivait Sénèque. J'aime beaucoup cette phrase de ce philosophe stoïcien car elle recèle un optimisme volontaire et courageux face aux immanquables averses d'orage que nous allons traverser dans l'existence.

— Bon, ton Sénèque n'a pas tout réussi non plus... Puisqu'il fut le précepteur de l'empereur Néron. Néron qui fut la cause d'abominables « orages » pour ses concitoyens en particulier les pauvres chrétiens !

— Tu connais bien l'histoire antique pour quelqu'un qui a raté cette époque.

— On me l'a racontée… dit-il avec une petite voix triste.

— Il nous faut toujours faire le pari de l'espérance face à la vision nihiliste et apocalyptique de beaucoup. Mais il nous faut une espérance active dans laquelle nous nous montrons combatifs pour lutter contre le mal sans cet angélisme ridicule de beaucoup qui pourrait nous mener à notre perte. Nous sommes nés sans le demander, nous allons mourir sans le vouloir, alors, la moindre des libertés est de revendiquer qu'on nous laisse mener notre vie à notre guise.

— Votre sacro-sainte liberté que vous devez défendre !

— De plus en plus de « sectes idéologiques », religions ou lobbies tentent de nous imposer leur vision du monde et leurs règles. C'est le côté vénéneux et obscur de ce monde qui nous demande la volonté de l'espérance pour agir et lutter. Et c'est son côté délicieux qui nous donne la force d'avoir cette volonté. C'est l'intérêt d'une visite dans un cimetière car elle nous enseigne que le temps est compté.

— Comment faire ?

— Tenter de cultiver quotidiennement l'art du positivisme, du bonheur, de l'humanisme et de la charité.

— Houlà ! Tout ça ? Tu y arrives ?

— J'essaie…imparfaitement... Certains jours même sans aucun succès…

— Mon pauvre…

— Mais je persévère ! Savoir prendre des risques, sortir des sentiers battus et des solutions prêtes à penser est une nécessité pour faire ce travail. Il faut chercher à rester le sculpteur de soi-même et du monde qui nous entoure. Ne pas subir mais agir. Ne pas rester spectateur mais jouer le rôle d'acteur pour une vie pleine. C'est ainsi que nous n'aurons aucun regret le jour où les pas, qui crisseront sur ce gravier, le feront en suivant notre cercueil.

— Que ma vie est simple à côté de la vôtre !

— C'est certain ! Mais notre discussion est pour moi riche d'enseignements sur la relativité de mon nombril et sur nos existences dans ce vaste et vieil Univers.

— Je suis heureux que notre rencontre t'ait ainsi donné cette vision de la vie et du monde.

— Tu es heureux ? Vraiment ? Un atome d'hydrogène peut-t-il ressentir ce sentiment ?

— Je ne sais pas… Je ne crois pas que cela soit aussi fort que chez vous. Vous semblez courir après ce que vous nommez le bonheur en permanence. Cela m'intrigue forcément… Bonheur ! Bonheur ! Semblez-vous crier quotidiennement à tue-tête ! Surtout depuis deux ou trois générations, je ne vous entends plus parler que de droit au bonheur. De quête du bonheur… Bref ! Cela semble un sujet sérieux pour vous.

— Tu veux que je te parle du bonheur ? J'espère que tu n'es pas pressé. Le sujet est vaste.

Cette fois-ci, c'est moi qui éclate de rire.

— Dis m'en quelques mots, cela semble si primordial pour tous les hommes et femmes. Qu'est-ce donc que le bonheur ? Ce « truc » vers lequel tentent de tendre vos si performants 100 milliards de neurones ?

— Il y a tellement de visions du bonheur. D'ailleurs, sais-je ce qu'est le bonheur ? Suis-je assez heureux pour être légitime à t'en parler ? Je ne peux te parler que de la voie pour tenter d'être le plus heureux possible…

— Oui, commence par cela, car ça m'a l'air sacrément compliqué comme affaire, votre bonheur !

— Si tu savais, mon pauvre Eugène, combien de fins de soirées, plus ou moins alcoolisées, ont été remplies d'échanges et de propos philosophiques sur le monde, la vie, la mort, Dieu et le bonheur. Aux quatre coins de la planète, ces sujets ont absorbé des plus humbles et plus miséreux jusqu'aux plus riches et plus cultivés des hommes. Et pourtant, toujours aucune réponse consensuelle pour l'humanité.

— Tu t'y es essayé aussi à cette quête ?

— Comme beaucoup, autour d'un feu, sur une plage, chez moi avec plus ou moins de rhum, cognac, de vin ou de thé, café et tisane dans mon verre, j'ai vécu ces échanges sur ce qu'il y a de plus profond en nous. L'humain a cela de différent sur toutes autres espèces de la création, qu'il peut s'interroger sur lui-même et se demander ce qu'il fait là, au milieu de l'univers, entre rien et tout.

— Et toi, où en as-tu parlé ?

— Je me rappelle d'une longue conversation, un soir avec des amis philosophes à Normale Sup et un polytechnicien. Ce soir-là, Nous étions face à la baie des Saintes aux Antilles, nous échangions sur le bonheur. Quel lieu idéal pour disserter sur la plénitude, la joie et le plaisir. Le soleil s'enfonçait vers l'horizon après une chaude journée tropicale qui avait fait ressortir les nuances bleu lagon des criques et hauts fonds où nous avions plongé ce jour-là. Assis tous les trois, accoudés à la balustrade du « yacht club », nous contemplions ce cadre paisible. Les reflets dorés sur les rides des vagues prenaient des teintes de plus en plus rougeoyantes. Les alizés berçaient les voiliers et les barques de pêcheurs aux couleurs vives. Le rhum vieux de nos ti-punchs s'alliait à merveille avec les restes de narcose de nos immersions profondes du jour pour créer une apaisante ivresse. Cette paix harmonieuse, moment d'ataraxie totale cher aux stoïciens que n'auraient renié ni Épictète, ni Marc-Aurèle, est un de mes grands souvenirs de voyage. Ce moment où la douce chaleur et une vue charmante s'allient avec le son apaisant de la mer pour amener le corps et l'esprit à se relâcher. Cette absence de personnes ou d'éléments contrariants exigeant de nous une vigilance permanente ; cette impression d'éternité où rien ne semble vouloir nous nuire permet d'abaisser le seuil de vigilance et de qui-vive de nos âmes sans cesse en veille. Une atmosphère de quiétude totale.

— Effectivement, présenté comme cela, c'est tentant.

— Bien sûr ! Ce ti-punch au Bologne 6 ans d'âge nous a permis, après une journée d'aventures subaquatiques, de développer nos conceptions dans un échange riche.

— Et qu'en aviez-vous conclu ?

— Ça t'intrigue petite particule ! Eh eh ! À moi de te taquiner maintenant.

— Oui, c'est vrai… Je voudrais comprendre cette course effrénée qui vous guide.

— Nous sommes arrivés à un point d'accord, c'est que, quelle que soit notre conviction religieuse, nous arrivons à la même méthode pour trouver ce qu'il est commun d'appeler le bonheur.

— Ah bon… Vous étiez d'accord tous les trois ?

— Nous étions partis de ce constat que tu as fait toi aussi, Eugène : tout homme n'a qu'un seul objectif : le bonheur.

Tous les philosophes, sages orientaux ou théologiens l'ont montré. Comme le disait Pascal dans ses Pensées, « Tous les hommes recherchent d'être heureux ; cela est sans exception... C'est le motif de toutes les actions de tous les hommes, jusqu'à ceux qui vont se pendre... ». Il confirmait Platon : « Qui, en effet, ne désire être heureux ? »

— La quête du bonheur semble bien la chose du monde la mieux partagée par tes congénères.

— Certes, même si beaucoup de personnes confondent bonheur et plaisir ; chacun tente d'être le mieux possible dans sa courte existence. À cette quête du bonheur, les religions donnent leurs réponses, la philosophie en donne d'autres, certains, un peu comme moi, tentent la synthèse de tout cela.

— Et qu'avez-vous trouvé ?

— Tu veux vraiment comprendre ? Cela risque d'être un peu long et je vais te parler de philosophes qui te sont inconnus.

— Oui, raconte-moi cette quête avant que je te quitte. Peut-être vous comprendrai-je mieux ?

— Retiens ceci : je crois que plus on se penche sur les religions et sur les philosophies, plus on se rend compte que les conclusions sont les mêmes en terme « d'art de vivre ».

— Finalement, c'est préférable car rassurant pour vous…

— Effectivement. La philosophie recherche le bonheur. D'ailleurs ma définition préférée de la philosophie est celle donnée il y a 23 siècles par Épicure : « La philosophie est une activité qui, par des discours et des raisonnements, nous procure les moyens d'une vie heureuse ». C'est clair et cela met en avant, la notion d'action, d'énergie. Cela ne fait part à aucun dogme et enlève toute notion de magie, d'extase, vision ou bons sentiments. Nous dirons donc en synthèse que la philosophie a la vie pour objet, la raison et la volonté pour moyen, et le bonheur pour but. Tu me suis toujours ?

— Oui, je me souviens d'avoir entendu la définition du mot prononcé par la Maintenon lorsqu'elle discutait avec le grand roi Louis XIV. La « philosophie » en grec veut dire « amour de la sagesse ». Alors qu'est donc cette sagesse qui doit vous mener au bonheur ?

— Bravo petit Eugène ! Bonne mémoire ! Pour comprendre cette notion, je vais te citer le chrétien Saint Augustin : « La sagesse c'est la joie dans la vérité ». Dans le même esprit, j'aime beaucoup aussi celle d'un philosophe athée, monsieur Comte Sponville : « La sagesse indique une direction, celle du maximum de bonheur dans le maximum de lucidité. »

— Au moins on sait que vous ne pouvez pas devenir sages en vous cachant ou en travestissant la vérité. Il vous faut juger les choses en recherchant le vrai. Athées comme croyants, vous devez partager déjà ce diagnostic-là : pas de faux semblants ni d'utopies !

— Ce n'est pas si simple. La vérité fait peur...

— Pourquoi parliez-vous du bonheur avec tes amis ? Pourquoi, en sirotant vos ti-punchs, face au soir tombant sur l'une des plus belle baie du monde, êtes-vous partis dans ce débat comme n'importe quel pilier de bar du café du commerce ?

— Tu connais la baie des Saintes et les bars ?

— Hi hi hi ! Si ! J'ai traîné un peu partout tu sais.

— Parce que, tout simplement, nous, les Hommes, ne sommes que très difficilement heureux...et que nous sommes dans une quête permanente ! Où chercher ? Comment faire ? Quelle recette ? Quelle pilule du bonheur ? Camus disait : « Les hommes meurent, et ils ne sont pas heureux. » Tout est là... L'inacceptable dans nos misérables vies humaines, c'est que nous nous savons mortels, sans nous juger heureux.

— Ça, je l'ai bien constaté. Mais avant de parler de ce qui peut vous rendre heureux, je suis impressionné par ce qu'il vous faut déjà savoir dominer au tréfonds de vos esprits pour ne pas être tout simplement malheureux. Pour supporter une vie acceptable, qui pourra devenir éventuellement un terrain propice au bonheur, il vous faut tout d'abord travailler contre ce qui vous paraît inenvisageable par nature.

— Que veux-tu dire ?

— Sortis de la béatitude nombriliste de la petite enfance, il vous faut apprendre à accepter d'avoir des ennemis, de ne pas être aimés de tous, de vieillir, de perdre les êtres chers et d'être mortels... Pas simple.

— Tu nous connais bien, mon ami Eugène ! Mais même en imaginant que cet immense travail soit fait, nous n'éviterons que les affres d'un malheur lié à la non acceptation de la fatalité, des faiblesses de la nature humaine et du temps qui passe inexorablement. Il nous faudra donc encore travailler sur nous-mêmes pour tenter de parfumer d'effluves de bonheur notre existence.

— C'est donc cela cette raison forte qui vous pousse à croire en Dieu ou à philosopher pour de bon pour tenter de devenir sages ? Quel art de vivre devez-vous donc pratiquer pour vivre sagement et ainsi atteindre ce but ?

— L'art de vivre est bien le sujet, Eugène. Sujet ardu et difficile. Montaigne disait dans ses Essais : « Il n'est science plus ardue que de bien et naturellement savoir vivre cette vie ». Et de savoir le faire assez tôt pour en profiter. Il faut apprendre à vivre au plus tôt pour rendre caduques les vers d'Aragon inspirés de Montaigne et repris par Brassens : « Le temps d'apprendre à vivre, il est déjà trop tard… »

— En général, vous êtes heureux quand vous avez ce que vous désirez, non ?

— Nous pouvons partir du désir si tu le souhaites effectivement. Non seulement parce que « le désir est l'essence même de l'homme », comme l'écrivait Spinoza, mais aussi parce que, comme le disait Aristote, « le bonheur est le désirable absolu » ; bref, comme tu le disais, c'est avoir ce que l'on désire…

— J'avais vu juste alors…

— Oui, mais je prendrai la définition du désir donnée par monsieur Spinoza. À savoir, le désir est ce que l'on veut en maitrisant l'action pour l'obtenir et je prendrai la notion d'espoir pour définir ce que l'on veut qui ne dépend pas de nous.

— J'ai constaté qu'en gamins capricieux, le désir est manque et quand vous avez ce qui vous manquait, vous ne le désirez plus… Et comme l'homme est désir, il désire autre chose car il s'ennuie ! Et ainsi de suite… Vous êtes vraiment des sales gosses !

— Tu n'as pas totalement tort. Schopenhauer disait : « La vie, oscille, comme un pendule, de droite à gauche, de la souffrance du manque à l'ennui, par non intérêt pour ce que l'on ne désire plus ». D'ailleurs, c'est George Bernard Shaw qui disait : « Il y a deux catastrophes dans l'existence, la première c'est quand nos désirs ne sont pas satisfaits ; la seconde, c'est quand ils le sont ». Frustration ou déception ; Souffrance ou ennui… Le tout résumé par Pascal : « Ainsi nous ne vivons jamais, nous espérons vivre. Et nous disposant toujours à être heureux, il est inévitable que nous ne le soyons jamais ». Pas drôle d'être un humain tu sais.

— Je vais vraiment finir par vous plaindre d'avoir à vous poser autant de questions pour réussir à être heureux. Comment échappez-vous à ce cercle vicieux de la frustration et de l'ennui, de l'espérance et de la déception ?

— À mon sens, il y a quatre voies possibles. La première: l'oubli ou le divertissement, comme le présente Blaise Pascal. Pensons vite à autre chose. Faisons comme tout le monde : faisons semblant d'être heureux, de ne pas nous ennuyer. Mais là, nous sommes loin de la vérité chère à la sagesse et à la philosophie. L'apparence festive, futile et superficielle du bonheur. Très pratiquée par notre génération et amplifiée par les réseaux sociaux où certains mettent en scène leurs plus petites tranches de joie.

— Oui, j'ai vu… boum tchiki boum ! Et on se trémousse, et on s'enivre !

— La deuxième : la fuite en avant : d'espérance en espérance, nous enchaînons les désillusions. Un peu comme le joueur de loto qui se console chaque semaine d'avoir perdu en se redonnant l'espoir de gagner la semaine d'après en rejouant. Cela peut aider à vivre mais nous sommes assez loin de la sagesse.

— Oui, et puis cela doit finir par coûter cher…

— La troisième : l'espérance absolue : elle prolonge la précédente mais en s'élevant à des niveaux spirituels supérieurs. C'est la stratégie de Pascal dans son pari. C'est le passage de l'espoir, comme passion, à l'espérance, comme vertu théologale. Elle nécessite la foi d'un Pascal : « Il n'y a de bien en cette vie qu'en l'espérance d'une autre vie. »

— Votre fameuse transcendance qui ne te laisse pas insensible…

— Et la quatrième qui est la critique de l'espérance ou le bonheur en acte : proposé entre autres par Comte Sponville, elle est pour moi la plus dure mais la plus efficace pour celui qui ne peut pas faire le pari de Pascal.

— Et toi, qu'as-tu choisi ?

— Je pratique forcément un peu des quatre. Mais je m'appuie sur la troisième pour construire la quatrième. Je vais donc la développer.

— Tu tentes de sentir la joie lorsque tu désires ce qui ne te manque pas !

— Tu comprends sacrément vite, Eugène.

— Merci…je t'écoute avec attention. Tu me mets en perspective ce que l'expérience de mes rencontres avec vous m'a si souvent fait percevoir.

— Je reviens sur cette définition de l'espoir. L'espoir est un type, une forme de désir. Une espérance, c'est un désir dont la satisfaction ne dépend pas de nous ! C'est une définition stoïcienne qui me convient. La volonté est au contraire l'outil pour l'atteinte d'un désir dont la satisfaction dépend de nous.

— L'espérance, c'est donc un désir qui porte sur ce qu'on n'a pas et qui vous manque, dont vous ignorez s'il sera satisfait et dont la satisfaction ne dépend pas de vous, et sur lequel vous n'avez aucun pouvoir. Espérer c'est donc, si je résume, désirer sans jouir, sans savoir, sans pouvoir…

— Tu es un sacré philosophe, mon cher Eugène. Voilà pourquoi les stoïciens, Épicure et Spinoza considéraient l'espérance comme une passion, une faiblesse et non comme une force.

— J'ai mon électron qui rosit face à un si gentil compliment venant de ta part.

— Il nous faut la connaissance et l'action au service d'une volonté. D'où cette phrase de Sénèque dans sa lettre à Lucculus : « Quand tu auras désappris à espérer, je t'apprendrai à vouloir », autrement dit à agir. Ce n'est pas l'espérance qui fait les héros, ce sont le courage et la volonté.

— Donc, dis-moi si je me trompe, le bonheur serait de savoir ce qu'on peut attendre de la vie lucidement, le vouloir et pouvoir faire ce qui faut pour l'avoir et en jouir.

— Oui et il faut apprendre à assumer ses choix et à savourer les choses que l'on obtient. Il n'y a pas d'espérance là-dedans. Il n'y a donc pas de crainte non plus. Puisque comme le disait Spinoza : « il n'y a pas d'espoir sans crainte, ni de crainte sans espoir ». Moult exemples prouveraient qu'espoir et crainte sont les deux revers d'une même médaille.

— Le bonheur, c'est donc le désespoir… Hi hi hi !

— Effectivement. Et savoir aimer ce que l'on a. « Désespoir » n'est pas à prendre au sens classique du mot. Ce n'est pas la tristesse car il y a de la joie. Ce n'est pas le nihilisme, ni le renoncement, ni la résignation. C'est un gai désespoir cher à Nietzsche.

— Es-tu le seul à penser des choses aussi bizarres Thierry ?

— Mais non, Eugène. J'ai cherché dans les livres de toutes origines si cette vision était partagée.

— Tu as donc trouvé que toutes les philosophies prônent le désespoir comme source de sagesse et donc du bonheur ? C'est rigolo.

— Oui, je vais t'en citer certains si tu veux. Chamfort tout d'abord : « L'espérance n'est qu'un charlatan qui nous trompe sans cesse et pour moi, le bonheur n'a commencé que lorsque je l'ai perdue ». Dante l'a mis sur les portes de son enfer : « Vous qui entrez ici, laissez toute espérance ». Même le bouddhisme dit la même chose. Dans le Sâmkhya Sûtra, il est dit : « Seul est heureux celui qui a perdu tout espoir ; car l'espoir est la plus grande torture qui soit, et le désespoir le plus grand bonheur ». André Gide disait : « Je voudrais mourir totalement désespéré ». Ce n'est pas mourir dans la tristesse mais mourir heureux. En clair, ce gai désespoir n'a rien à voir avec celui du suicidaire. Mais c'est celui du sage heureux qui n'a plus rien à espérer, et donc à craindre, parce qu'il a tout. Il ne désire pas du rêve, de l'inaccessible en craignant que le hasard ou les autres fassent qu'il en soit autrement. Il ne désire plus que du réel dont il fait partie. D'ailleurs, le désespoir du dépressif n'a rien à voir. Il ne souffre pas du manque. Il souffre du manque de la puissance de jouir de ce qui ne lui manque pas. T'ai-je convaincu, Eugène ?

— Ça se complique mais je tente de suivre… Donc, le contraire de l'espérance n'est pas la crainte, puisque cette crainte est concomitante et indissociable de l'espérance, mais c'est savoir, pouvoir et jouir. C'est savoir, agir et aimer. Le verbe aimer est à prendre au sens large… Aimer et apprécier ce que l'on veut une fois qu'on l'a.

— Voilà ! Ce n'est pas le désir de ce qu'on n'a pas, ou qui n'est pas, mais c'est la connaissance de ce qui est, la volonté de ce que l'on peut, enfin l'amour de ce qui se passe et de ce que l'on a. Plus de manque mais la puissance, plus d'espérance mais la confiance et le courage, plus de nostalgie mais l'amour de ce qui est et de son prochain.

— Alors vous n'allez plus espérer ?

— Mais non, Eugène. Ne rêvons pas… Il ne s'agit pas de s'interdire d'espérer, il s'agit d'apprendre à penser, à vouloir et à aimer. « Le sage est sage, non par moins de folie mais par plus de sagesse » disait Alain. Soyons lucides sur nos limites. Nous avons fait et nous ferons tous des erreurs. La sagesse d'ailleurs n'est pas un but. C'est un chemin. Je me rappelle de la phrase que me citait mon maître de Kung Fu. Il disait : « Le secret de la sagesse n'est pas la sagesse elle-même mais le chemin pour y parvenir. Ce chemin est long. Les racines sont amères mais le fruit est doux. »

— La sagesse est donc un processus pour vous aider à être heureux.

— Oui, une victoire parfois, plus ou moins solide. Toujours à défendre. C'est du boulot d'être heureux ! La philosophie est un moyen de savoir vers où l'on va avec la sagesse comme horizon lointain. Il ne faut pas plus rêver la sagesse qu'il ne faut rêver notre vie. Il ne s'agit pas de s'interdire d'espérer, ni d'espérer le désespoir, Eugène. Il s'agit de croire et rêver un peu moins et de connaître lucidement la vérité un peu plus. Il s'agit d'espérer un peu moins et d'agir un peu plus en étant acteur plutôt que spectateur...et enfin espérer un peu moins et aimer un peu plus.

— Ah l'amour, nous y voilà !

— Oui, c'est sur cette notion d'amour ou de charité que toutes les philosophies occidentales, orientales ou chrétiennes sont construites. C'est bien ça notre point commun pour accéder au bonheur. L'amour, le désir de ce que l'on a, est autant pratique et contemplatif qu'il peut être universel ou sentimental.

— Ce que tu appelles contemplatif, c'est ton besoin d'une relation charnelle à la beauté de la nature ? Un regard quasi mystique sur l'esthétique de la création ?

— C'est un spectacle dont on ne se lasse jamais et sans cesse renouvelé. Une expérience presque métaphysique. Tant sur terre, sur mer que dans les airs. C'est ce qui m'a poussé à pratiquer la plongée, la voile, la montagne, l'aviation, le planeur, la spéléologie. L'amour du présent, c'est aussi une bonne bouteille dégustée entre amis. Un cigare au calme face à un beau paysage. C'est la sensation du soleil sur sa peau. Il y a tellement de raisons d'être bien… Il faut vivre au présent sans regretter le passé et sans craindre l'avenir. Même si c'est plus facile à dire qu'à faire.

— Finalement, tu me donnerais presque envie de devenir un être humain…

— Tu aimerais te jeter sur ton présent comme un affamé ?

— Pour moi, petit être quantique, la notion de présent est un peu difficile à saisir.

— Vivre au présent ! Il ne s'agit pas de vivre dans l'instant comme un amnésique et un aboulique. Il faut vivre dans un présent consistant et épais. Il doit inclure un rapport au passé avec la mémoire, l'Histoire, la gratitude et un rapport présent à l'avenir avec des projets, programmes, prévisions et confiance en évitant l'utopie et le fait de prendre nos rêves pour des réalités. Il faut se souvenir, ne pas oublier et il ne faut pas renoncer à imaginer et à vouloir.

— Peux-tu revenir sur l'amour ?

— Mais je ne parle que de cela depuis tout à l'heure. Est-ce Spinoza, Aristote, Épicure, Jésus ou Bouddha qui a écrit « La mélancolie se caractérise par la perte de la capacité d'aimer » ?

— Je ne vois pas, mon bon Thierry…

— Eh bien c'est Freud ! Un psychanalyste. Et oui, il y avait un piège ! Cela montre bien que l'amour est un élément fondamental du bonheur en tant que capacité à jouir de ce que l'on a. Cette notion d'amour est à prendre au sens grec de « philia », l'amour partage, plutôt qu'au sens de « eros », l'amour qui veut posséder. L'un doit progressivement prendre le pas sur l'autre.

— Et tu aimes tous ceux qui t'approchent ?

— Houlà ! Non ! Loin de là ! Alors j'essaie de faire mienne cette phrase de Spinoza : « Ne pas railler, ne pas pleurer, ne pas détester, mais comprendre », même si ce n'est pas toujours spontané. Je me remémore souvent cet hymne à la charité dans la première Épître aux Corinthiens de Saint Paul du Nouveau Testament, des trois vertus théologales, foi, espérance en Dieu, et charité : « La plus grande des trois, c'est la charité. Tout le reste passera, la charité seule ne passera pas ». Je suis loin d'atteindre la charité parfaite d'un Bouddha ou surtout d'un Jésus mais j'ai expérimenté dans diverses missions humanitaires de ressentir cette joie du partage. Mon humble début de prémices d'ébauche de commencement de charité faisait son œuvre…

— Tu aides beaucoup les autres ? C'est ma veine ça…
Voilà qui va m'être utile ! Hi hi hi !

— Non, je suis loin d'être exemplaire. Peu le sont
d'ailleurs. Pris dans nos vies, par manque de temps,
concentrés sur nos familles, la charité s'est réduite. Je
m'investis de moins en moins. Nous aimons aussi mal les
autres peut-être parce que nous nous aimons mal. Ce sont
bien les Évangiles qui disent qu'il faut « aimer son prochain
comme soi-même ».

— Je croyais que vous vous adoriez ?

— C'est de notre égoïsme dont tu parles. Non, il nous
faut nous aimer, mais nous aimer avec charité, comme on
aimerait un étranger. « Le moi est haïssable » dit Pascal. Il
parle bien de l'égoïsme. Réduire notre égoïsme, voilà encore
du travail pour les humbles mortels que nous sommes. Il
nous faut nous aimer sans égoïsme…pas simple ! Il nous
faut nous aimer par charité et non par narcissisme. Avec
indulgence et non par orgueil ou prétention.

— Et c'est donc bien vers cette charité dans un « moi »
en paix avec lui-même, volontaire et agissant sans crainte et
sans espoir, que tu cherches à tendre un peu chaque jour ?

— Un peu… Avec humilité et trop peu de succès à mon
goût pour tendre vers le bonheur via cette sagesse basée sur

la vérité. « La sagesse : un maximum de bonheur dans le maximum de lucidité ». Ce sont là les deux objectifs de la philosophie et donc aussi de la foi.

— Pourquoi as-tu l'impression de ne pas avancer assez vite ?

— Je suis d'un naturel impatient. Les bouddhistes appellent nirvâna, la béatitude, le salut, l'éveil. Le contraire, le samsâra, le cycle de la naissance et de la mort, c'est notre vie quotidienne dans sa dureté, sa finitude et ses échecs non assumés. Ils disent : « Tant que tu fais une différence entre le nirvâna et le samsâra, tu es dans le samsâra ». Eh bien, je perçois chaque jour que j'y suis…

— Oui, mais toi au moins, tu t'en rends compte. Ça te laisse donc la possibilité d'agir.

— Effectivement, et puis comme le disait la Rochefoucauld, « on n'est jamais si heureux ou si malheureux que l'on s'imagine ». Ça rassure, non ? Alors, comme le propose Nietzsche, « devenons sans cesse ceux que nous sommes, soyons les maîtres et les sculpteurs de nous-mêmes ». Je vais donc continuer d'y travailler.

— Finalement, à t'écouter depuis le début, je pense que tu es un humaniste sensible au sacré. Finalement, tu peux me le dire maintenant. Crois-tu en Dieu ? On le dirait, non ? En tout cas, tu as des côtés mystiques, mon ami.

— « Définissez-moi d'abord ce que vous entendez par Dieu et je vous dirai si j'y crois » répondait Einstein. Mais oui, je crois que ce Monde a un sens et qu'il n'est pas constitué que de matière. Tout dans notre conversation confirme cette intuition qui me tient depuis ma jeunesse. Je pense qu'il y a autre chose d'impalpable au-delà de ce que voient nos yeux et perçoivent nos sens. Comme Baudelaire, je pense que :

La Nature est un temple où de vivants piliers

Laissent parfois sortir de confuses paroles;

L'homme y passe à travers des forêts de symboles

Qui l'observent avec des regards familiers.

Nos limites physiques et intellectuelles nous rendent inaccessible l'essence même du monde qui nous entoure.

— Et t'es-tu choisi une religion ?

— J'aurais aimé m'en passer. Elles sont régulièrement, par leur côté bannière identitaire, sources de conflits et d'asservissement. La politique et le goût du pouvoir viennent tellement les polluer. Finalement, elles sont si imparfaitement humaines…

— Mais, elles tentent de vous dire qui est Dieu ?

— Oui, elles sont les seules à tenter de rendre conceptualisable et accessible ce qui ne l'est pas.

— Et elles t'aident à rendre compréhensible ce qui est si inconcevable ?

— Pas toujours… C'est un travail régulier sur soi et sur les textes des grands penseurs, scientifiques et philosophes, qui est nécessaire.

— Et où en es-tu en ce moment vis-à-vis des religions ?

— Je suis né ici dans une vieille famille catholique mais peu pratiquante. Je me suis interrogé sur cette sorte de prédestination de naissance qui nous instillerait, si nous nous écoutons, d'où que l'on soit originaire, la bonne foi. Pour beaucoup, leur religion d'origine est la bonne parce que, sans se poser de questions, un peu comme le climat, la nourriture, l'air que l'on respire, elle est là, de tout temps et assénée comme vraie par les gens qui nous entourent depuis notre enfance.

— C'est troublant effectivement. Pourquoi un Dieu se serait-il amusé à envoyer tant de prophètes et de guides différents pour vous montrer le chemin qui mène à lui ?

— Voilà mon interrogation. Pourquoi serions-nous dans le vrai ou dans l'erreur, juste en fonction de notre lieu de mise au monde et de notre environnement familial et culturel ? Il y a tant de religions. Chrétiens en Europe, catholiques à Rome, protestants aux Etats-Unis, anglicans à Londres, orthodoxes en Russie, juifs en Israël, musulmans sunnites en Arabie, chiites en Iran, druzes au Liban, bouddhistes en Asie, hindouisme en Inde, animistes en Afrique noire, chamanisme en Alaska ou au fin fond de la Sibérie, etc.

— Je te le confirme ! Crois-en mon expérience, Thierry. Je l'ai vu de mes propres yeux ! Sur Terre, dans le temps et l'espace, il y eut un foisonnement innombrable de Dieux, de textes sacrés et de grands mystiques qui se sont dit inspirés par une réalité supérieure. Et beaucoup ont disparu…

— Voltaire disait : « Si Dieu nous a fait à son image, nous le lui avons bien rendu. »

— Oui, cela donne l'impression que votre foi est bien aléatoire. Une sorte de grande loterie de la religion. Cela peut laisser penser du coup qu'elles sont toutes fausses…

— C'est ce que je me suis dit au début. Peu de personnes sont prêtes à remettre en cause l'ordre établi et à s'interroger avec un esprit critique sur ce qui leur est inculqué dès leur prime jeunesse.

— Le fameux « pense contre toi-même ».

— Oui et surtout pense par toi-même. À mes yeux, Dieu ne pouvait quand même pas conditionner sa relation aux hommes sur « le bon canal » à la seule fatalité d'un lieu et d'une famille de naissance. C'était inconcevable !

— Et donc comment résoudre ce problème ?

— Pendant longtemps, je me suis considéré agnostique. Je croyais toujours en cette transcendance supérieure mais je ne croyais plus les Hommes capables d'y accéder. Un Dieu trop lointain et trop immense pour que nous puissions en percevoir le dessein.

— C'est exactement ce que je pense…

— Je sais. Je doute toujours d'ailleurs, parfois… En aimant beaucoup les livres, je me suis ouvert de nouveaux horizons. De tout cela, et au-delà de la religion, je ressens souvent l'anxiété et l'angoisse de celui qui sait qu'il ne sait rien et qui se laisse aller à une réflexion libre qui ébranle toutes ses certitudes inculquées et lui fait perdre ses illusions. Ce qui me trouble, c'est la diversité incommensurable des idées et des opinions sur tous les sujets possibles. Tout et n'importe quoi a été pensé et écrit. Tout a été dit sur à peu près tous les thèmes.

— Tu es donc en permanence dans le doute ?

— Oui, un peu, à mon humble niveau, comme pouvait l'être le sage Michel de Montaigne. Car face à autant de conceptions du Monde, je déduis qu'il est difficile de se faire une opinion absolue, cette certitude que Pascal appelle le « point fixe ».

— Alors, comment autant d'hommes deviennent intégristes ou extrémistes ?

— Je ne sais pas vraiment… Peut-être un mal-être personnel à projeter dans un exutoire violent et radical ? Des êtres faibles qui ne tiennent debout que remplis de certitudes qui les poussent parfois à la haine de celui qui tente de mettre en doute ce qui les maintient ainsi ?

— Tu n'as donc aucun avis sur rien ?

— Oh que si ! Je m'ennuierais sans aucune idée à défendre et axe de vie à suivre. Je me forge donc tant bien que mal, sur tous les sujets, une opinion qui me pousse à mettre en avant l'option qui me paraît la mieux ou la moins pire. J'ai souvent la capacité, si nécessaire ou par simple jeu, de présenter l'avis inverse au mien, mais un seul souvent me paraît préférable. Alors je le défends, souvent avec fougue.

— Que tu es joueur et espiègle tout de même ! Hi hi hi !

— Sans conviction, il est impossible d'avancer. Car non, tout ne se vaut pas dans l'immense fatras idéologique et le large choix des vérités et des voies possibles. Il faut choisir et assumer mais comprendre les autres visions et les autres façons de faire, du moins tant qu'elles ne nuisent à personne.

— Et comment as-tu choisi en matière de religion ?

— J'ai cherché, lu, discuté, échangé et rencontré des personnes venant d'horizons divers.

— Tout cela pour tenter de comprendre quelle est cette puissance qui souffle sur l'Univers ?

— Quelle autre solution avais-je ? J'ai voulu partir du postulat, peut-être faux, que cet esprit divin était chargé d'amour et de mansuétude pour nous, humbles mortels. Je me suis donc mis en quête de la religion qui me paraissait la plus en phase avec cet amour divin. Je ne concevais d'adhérer à une doctrine que si elle était tolérante, humaniste, charitable, ouverte à tous et sans haine pour ceux qui n'y adhèrent pas. Je cherchais aussi une religion qui rende tous les hommes égaux face à l'éternité sans distinction de race, d'origine, de sexe ou de culture.

— Bref, tu voulais une religion, qui même si Dieu n'existe pas, soit profitable à l'humanité en la rendant

meilleure et en l'arrachant à ses pulsions bestiales. Mazette !
Quelle quête !

— Oui, mais je crois qu'elle est largement partagée et
qu'il y a eu de tout temps, dans chaque religion, des
hommes et des femmes purs et bons qui ont aimé
sincèrement Dieu et ses créatures.

— Ce n'est pas faux !

— Je n'ai pas cherché à juger les hommes qui pratiquent
telle ou telle religion, mais juste les textes qui sous-tendent
l'image que l'on se fait d'un Créateur et des relations entre
les hommes que cela implique.

— Tu voulais rester respectueux des authentiques
croyants et juste te faire un avis sur le contenu des Livres.

— Oui, puisque notre foi est conditionnée par notre
famille à la naissance, il me fallait m'arracher à ce
déterminisme. Je me suis toujours senti proche de ceux,
quelle que soit leur religion, qui au-delà de la matière et des
descriptions scientifiques, cherchent et ressentent une
transcendance qui les dépassent et qui donne un sens au
chaos apparent de nos destinées. Alors j'ai cherché, avec le
même respect, chez les grands mystiques de toutes origines.
Avec la lecture des textes des prophètes, j'ai tenté
d'approfondir ma connaissance des autres religions et des

autres philosophies en abordant les principes shamaniques amérindiens, les livres antiques égyptiens, l'animisme africain. Peut-être maladroitement. Avec les limites de mon intelligence et du poids de ma culture. Lors de voyages, je suis allé à la rencontre des Masaïs en Afrique et des Indiens de la jungle du Panama que l'on ne pouvait rejoindre qu'en pirogue. J'ai des amis ou des relations issus de presque toutes les religions. Que de longs et vastes débats nous avons eus parfois !

— Je reconnais là ton côté bavard…

— Seul aussi et sans l'éclairage d'érudits, je n'ai certainement pas toujours tout compris. Mais si Dieu veut nous parler, il doit nous envoyer un message clair, univoque et compréhensible de tous. J'ai donc écarté les textes ambigus, ceux qui se contredisaient. Après avoir été fortement intrigué par le bouddhisme, puis l'animisme et sa tradition orale, je me suis tourné vers une religion du livre monothéiste. Peut-être n'ai-je pas réussi à m'arracher à ma tradition et à ma culture ? Un monothéisme synthétisant en une unique « pensée et énergie » toutes les forces individualisées par l'animisme. Et c'est là que j'ai pris conscience que seules les Évangiles, le nouveau Testament des chrétiens, répondaient à mes yeux à tous mes critères.

— Ah oui ? Tu étais revenu à ton point de départ en fait…

— Oui, j'ai rejoint l'écrivain François René de Chateaubriand qui écrivait dans son « Génie du christianisme » : « De toutes les religions qui ont jamais existé, la religion chrétienne est la plus poétique, la plus humaine, la plus favorable à la liberté, aux arts et aux lettres. Depuis les hospices, bâtis pour les malheureux, jusqu'aux temples élevés par Michel-Ange et décorés par Raphaël. Il n'y a rien de plus divin que sa morale. »

— Il semblait sacrément convaincu ce monsieur… un vrai fan !

— Oui, et pourtant, très grand voyageur, il était très tolérant avec les autres religions. Comme lui, mes voyages et mes rencontres m'ont convaincu aussi. En faisant le pari de Pascal, j'ai envisagé de me tromper. Je n'exclus pas d'être dans l'erreur. Mais je suis arrivé à la conclusion que quitte à se tromper en croyant en un Dieu qui n'existerait pas, quitte à naïvement avoir foi en une conscience supérieure qui ne serait en fait que du hasard, et bien, pour l'humanité, je pense que c'est le christianisme qui est le moins liberticide et le plus humaniste. C'est en terre chrétienne que sont nés la philosophie des lumières, les droits de l'Homme, la laïcité et même le simple droit d'être athée.

— Effectivement… Tu as donc voulu, comme le préconisaient tes fameuses lumières, avoir le courage de penser par toi-même. As-tu réussi à autonomiser ta réflexion et ta quête ? Peux-tu m'éclairer ? Tout ceci m'est tellement étranger…

— Peut-on se libérer totalement de sa culture et de son atavisme ? Je n'en suis pas sûr… J'ai voulu m'émanciper intellectuellement le plus possible de mon éducation et de mes présupposés pour réfléchir et ne pas subir un choix imposé. Y suis-je arrivé ? J'en doute… Mais au moins j'ai essayé ! Il y en a tellement de gens qui ont un cerveau lavé par des convictions qu'ils n'ont pas choisies et qui ne remettent jamais rien en cause dans une suffisance et un dogmatisme effrayant.

— Et donc pourquoi le christianisme alors ?

— Je vais te citer mes quatre raisons. Elles sont directement extraites des Évangiles. Elles donnent pour moi la philosophie générale du christianisme. Il y en a certainement bien d'autres pour des chrétiens plus fervents et plus grands connaisseurs des Écritures.

— Tes doutes t'honorent mais je crains que ces notions théologiques m'échappent.

— Tu vas voir, c'est très simple. Commençons par le principal avec Saint Luc. Le Christ a dit : « Tu aimeras le Seigneur, ton Dieu, de tout ton cœur, de toute ton âme, de toute ta force, et de toute ta pensée ; et ton prochain comme toi-même. »

— Ça, nous l'avons abordé tout à l'heure.

— Oui, mais c'est le plus important car il place la charité et l'amour de l'autre au-dessus de toutes les autres considérations. Toute la vie de Jésus n'exprime que son amour de Dieu et des Hommes. C'est simple et bénéfique pour nous tous !

— Je suis d'accord, ce précepte ne peut vraiment pas vous faire de mal à vous, les humains… Et cela, que Dieu existe ou pas…

— La deuxième raison, toujours dans l'Évangile de Luc : « Jésus dit : Rendez donc à César ce qui est à César, et à Dieu ce qui est à Dieu ». Voici posée la nette et définitive séparation entre ce qui est sacré et ce qui est l'organisation de la vie terrestre et du pouvoir séculier.

— Voilà un élément intéressant pour ceux chez vous qui prônent la laïcité et la possibilité de ne pas croire. Cela cantonne la foi dans les cœurs et les foyers et évite qu'elle se fasse politique. Cette phrase de Jésus évite aux hommes avides de pouvoir de s'appuyer sur la religion pour devenir conquérants et totalitaires. C'est pas mal non plus effectivement...

— La troisième raison, c'est Mathieu qui nous cite cette phrase de Jésus : « Ce n'est pas ce qui entre dans la bouche qui souille l'homme; mais ce qui sort de la bouche, c'est ce qui souille l'homme. »

— Je reconnais là le gourmand épicurien qui ne veut pas qu'on le prive de certains mets. Hein, avoue ! Hi hi hi !

Je ris de bon cœur avec lui.

— Oui, certes, mais c'est surtout qu'encore une fois, cela fonde notre relation à Dieu sur des choses profondes et sérieuses : ce que l'on pense, ce que l'on dit et ce que l'on fait ! Qui sont les seules choses qui expriment ce que nous sommes.

— Et non pas sur ce que vous mangez, sur vos tenues vestimentaires ou la longueur de vos cheveux. C'est vrai que l'on imagine mal une conscience universelle s'occuper de ces détails si...bassement terrestres.

— Cela laisse aussi chacun libre de s'habiller et de cuisiner ce que bon lui semble. Il y a donc une certaine tolérance qui évite les conflits autour des tables et dans la rue.

— Là encore, ça ne peut pas faire de mal… Et le dernier point, quel est-il ?

— C'est la rencontre entre Jésus et la femme samaritaine autour d'un puits dans l'Évangile de Jean.

— Ah ? Et que se passe-t-il autour de ce fameux puits ?

— Au plus fort du jour, au bord de ce puits, Jésus demande à boire. Au même moment, une femme s'approche ; elle aussi a besoin d'eau. Un dialogue fondamental s'installe. C'est difficile de te le raconter de mémoire.

— Mais pourquoi ce passage fait-il partie des raisons qui t'ont ramené au christianisme ?

— Jésus n'exprime que charité et respect pour cette femme qui souffre, qui a eu une vie assez peu compatible avec la rigueur religieuse de l'époque et qui, en tant que samaritaine, ne pratique pas la même religion que Jésus, qui est juif.

— Belle ouverture d'esprit… Assez peu courante dans les religions.

— Oui, Il ne lui parle que d'amour. Il lui dit qu'elle peut se faire aimer de Dieu. Que ce qui compte c'est la pureté de ses sentiments et de sa foi en Dieu et qu'elle est libre de l'aimer ou pas.

— Et qu'en conclus-tu ?

— Que Jésus nous apprend à nous laisser guider vers la personne à rencontrer. Il nous faut aborder l'autre dans un esprit de partage même, et peut-être surtout, s'il ne pense pas comme nous.

— Il vous propose d'éviter de juger durement vos semblables. Il vous incite à faire preuve de compassion pour les gens qui n'ont pas eu la même vie que vous, la même culture, les mêmes dons naturels ou les mêmes faiblesses qui vous sont dictés par l'inné de vos gènes familiaux.

— Oui, ce texte doit nous donner une forme de mansuétude. Il conduit aussi à s'interroger. Est-ce vraiment servir Dieu que de prêcher l'opposition avec ceux qui ne pratiquent pas la même religion que nous ? Arriver à faire prêcher la querelle et la haine au nom de Dieu est sans doute le plus beau succès du mal.

— Nous le voyons pourtant tous les jours sur notre planète en ce moment... Il vous faudrait donc relire ce Saint Jean qui vous montre dans son Évangile que ce n'est pas la peine de perdre votre précieux temps sur vos raisons de divisions, mais d'abord aborder ce qui peut vous rassembler.

— Oui Eugène. Jésus dit bien que la sincérité de notre amour pour Dieu et les Hommes est plus importante que le rite et la manière de le prier et de vivre notre religion.

— Cela veut dire que le christianisme ouvre la porte à tous alors dans un universel amour de votre créateur et de vos semblables ?

— C'est pour cela que ce n'est pas un hasard si des tendances œcuméniques apparaissent spontanément au sein du christianisme.

— Si j'ai bien compris, votre Jésus, près de ce puits, propose donc au plus grand nombre d'adhérer à des principes simples pour vivre selon la volonté divine et ce, quels que soient leurs cultures, leurs manières de prier ou leurs rites ?

— Effectivement et il en profite aussi pour affirmer cette vérité que beaucoup recherchent : l'eau du puits, celle d'ici-bas dans ce verre où tu te trouves, ne peut satisfaire le désir infini du cœur humain. Seule l'eau vive de l'Esprit peut nous faire entrer dans une dimension transcendante et métaphysique d'éternité. Ce désir « d'eau vive spirituelle » est partagé par tous les croyants sincères de quelques religions qu'ils soient.

— Une éternité qui m'est étrangère, n'étant que matière et énergie. Mais je crois quand même vous comprendre... Jésus invite la samaritaine à s'ouvrir au don de Dieu, à le prier avec foi, à désirer l'eau vive de l'Esprit et ainsi accéder à une forme d'éternité spirituelle.

— Tu raisonnes bien. Jésus propose sans chercher à la contraindre ou à la menacer. Les individus doivent venir à lui et à Dieu de leur propre volonté.

— En tout cas, pour y arriver, il va vous falloir passer de la religion et son folklore à l'authenticité de votre foi.

— Oui, c'est pour cela que j'ai tenté de me délivrer de ma captivité culturelle pour envisager ma relation au divin. La pensée chrétienne est subversive et libère. C'est le philosophe Marcel Gauchet qui a si bien résumé les choses : « Le christianisme est la religion de la sortie de la religion. »

— Et seul l'amour est digne de foi... Hi hi hi ! Je comprends mieux pourquoi Jésus a inspiré l'humanisme, la liberté et cet universalisme.

— Voilà pourquoi j'aime le christianisme, Eugène... Et si mon esprit est trop étroit pour comprendre le sens des choses, j'ai la conviction que ces valeurs émancipatrices et humanistes ne peuvent pas nuire aux poussières d'étoiles pensantes que nous sommes. Et cela resterait vrai, même si, contrairement à ce que je ressens, Dieu n'existait pas.

Un long silence se fait, laissant ressortir le chant joyeux des cigales. Eugène semble pensif. Je ne l'entends plus.

— Eugène ! Eugène !

— Je suis là… Je réfléchissais. Notre conversation me montre à quel point j'ai encore beaucoup à découvrir sur les êtres étonnants que vous êtes. Vous êtes si complexes et si variés que je n'aurai pas assez des millénaires à venir pour vous observer et bien vous comprendre.

— J'ai craint que tu te sois envolé dans l'air brûlant de cette fin d'après-midi.

— Pfiouu ! Tu as raison, il fait chaud. Il y a urgence. Donc, puis-je profiter de ta charité et enfin rejoindre cet iris, que j'espère, puisque cela dépend de toi…?

— Oui, Eugène. Tu es un petit malin. Mais je désire te rendre heureux et te faire plaisir. Tu m'as beaucoup enrichi, alors, je te dois bien ça.

— Je suis…comment dire ? Heureux ? Oui, heureux que notre rencontre nous ait enrichis mutuellement. J'ai compris à quel point votre destinée d'Homme est si fragile et grandiose à la fois. Mélange d'esprit et de poussière, en quête d'amour et de reconnaissance, vous subissez l'écoulement du temps, la maladie, les accidents et la violence qui vous poussent vers votre propre fin. Quel mental il vous faut pour supporter tout cela !

— Tu nous jugeras moins durement dorénavant…?

Je lui souris. Seul au-dessus de mon verre.

— Oui… J'aurai de l'indulgence pour vos trajectoires si imparfaites et même de la tendresse pour vos existences percluses d'angoisses. Car je sais que, n'en ayant qu'une, vous devez quoi qu'il advienne vous en satisfaire.

— Sa majesté Eugène est bien bonne…

Ce petit grain atomique est tout de même incroyable avec son aplomb. C'est certainement la belle assurance de celui qui en a vu d'autres et qui sait qu'il en verra encore beaucoup d'autres. Il sait que finalement je ne représenterai dans son existence qu'une fraction infinitésimale de sa mémoire éternelle.

— Pour moi aussi ce fut une rencontre importante. Tu m'as beaucoup appris sur notre Univers, la vie et notre grande Histoire.

— Je suis flatté de t'avoir ainsi donné cette vision de l'existence et du Monde. Profites-en ! Cueille chaque jour pour en faire un bouquet et grandir sur ton chemin. J'espère qu'ainsi, dans longtemps, très longtemps tu partiras sans regret...

Nous restons tous deux silencieux sous ce gigantesque tilleul qui, en nous prodiguant son ombre, nous a permis cette longue conversation en réduisant l'échauffement.

— En parlant de partir... Il va vraiment falloir que j'y aille, Thierry !

Je touche le verre posé sur la table.

— Oui, je sens que la chaleur s'est transmise au verre. C'est dommage. Cela me rend triste finalement de te verser...

— Allez, pas de sentimentalisme, Thierry. Je crois de toute façon qu'il va être temps pour moi d'arroser cet iris car les photons qui me heurtent excitent tous nos électrons et nous échauffent. Nous, les molécules d'eau, allons finir par nous éloigner les unes des autres sous l'effet de l'énergie des infrarouges solaires et nous volatiliser en vapeur.

— Alors, bon voyage, mon cher Eugène, et que ton souhait soit exaucé.

— Merci, Thierry. Prends soin de toi.

Je me lève et me dirige vers le plus bel iris qui se trouve à quelques pas du tilleul. Me penchant, je verse avec délicatesse l'eau qui s'écoule le long de la tige et pénètre dans la terre héraultaise desséchée pour se faire capter par les racines de la fleur...

Voilà... Parcelle de vie microscopique à l'existence brève comme un éclair, me voici seul avec ma conscience face à l'immensité du temps et de l'espace après cet incroyable voyage narré par le plus petit conteur et témoin qu'il soit possible de trouver. Je regarde autour de moi. Le monde me paraît tout à coup plus vibrant, plus énergétique et plus vivant qu'avant. Je sais qu'il est peuplé et constitué d'amis, cousins, frères et jumeaux de ce cher Eugène qui lui, doit déjà grimper dans la sève de son iris en rêvant à de nouvelles expériences.

Le soir arrive. Il fait toujours aussi chaud malgré les ombres qui s'allongent et les rayons qui se font plus rougeoyants.

Je me dirige vers la maison... J'ai hâte de me servir un autre verre. J'ai vraiment très soif du coup et rien bu depuis bien longtemps maintenant. Cette après-midi est passée comme un rêve… Me suis-je assoupi ? Ai-je vraiment discuté avec un atome d'hydrogène ? Souffrirais-je de délire suite à une insolation ? Il est vraiment temps que je me réhydrate. Décidément, je n'ai rien écouté aux recommandations de nos ministres. J'allume la radio. Il y a une émission avec des amuseurs payés pour nous divertir. Je me replonge dans le quotidien. Dans la légèreté et la futilité de ce qui fait nos journées. Je vais retourner placer ma petite existence dans le flot magistral du temps après ce court passage dans l'infini et l'éternité…

Du même auteur :

« D'azur aux Besants d'or »

« Éclats de voyages – entre ombres et lumières »